定期テスト　数学　1年　啓林館版　未来へひろがる数学1

もくじ

取り外してお使いください　赤シート＋直前チェックBOOK,別冊解答

※全国の定期テストの標準的な出題範囲を示しています。学校の学習進度とあわない場合は，「あなたの学校の出題範囲」欄に出題範囲を書きこんでお使いください。

Step 1 基本チェック　1節 正の数・負の数

教科書のたしかめ　[ ]に入るものを答えよう！

❶ 0より小さい数　▶ 教 p.12-14　Step 2 ❶❷

解答欄

□(1) 0より13大きい数，0より1.6小さい数をそれぞれ正(せい)の符号(ふごう)，負(ふ)の符号をつけて表すと，[+13]，[−1.6]　(1)

□(2) −4，0，−0.5，+37，1.8の中で，正の整数は[+37]，負の整数は[−4]である。　(2)

❷ 正の数・負の数で量を表すこと　▶ 教 p.15-16　Step 2 ❸-❻

□(3) 2000円の収入を，+2000円と表すとき，1500円の支出は，[−1500円]と表すことができる。　(3)

□(4) 2個少ないことを「多い」ということばを使って表すと，[−2個]多い。　(4)

❸ 絶対値と数の大小　▶ 教 p.17-20　Step 2 ❼-❿

□(5) +3，−4.6の符号を変えた数は[−3]，[+4.6]である。　(5)

□(6) +14の絶対値(ぜったいち)は[14]，−8の絶対値は[8]　(6)

□(7) −9と−1のうち，大きい方の数は[−1]で，絶対値が大きい方の数は[−9]である。　(7)

□(8) 絶対値が5である数は，[+5]と[−5]である。　(8)

□(9) −6.3と−7.2の大小を，不等号を使って表すと，
−6.3[>]−7.2　(9)

□(10) −9大きいことを，負の数を使わないで表すと，[9小さい]。　(10)

□(11) −9小さいことを，負の数を使わないで表すと，[9大きい]。　(11)

※下の数直線を使って考えなさい。

□(12) −2より5大きい数は[3]，−1より−5小さい数は[4]　(12)

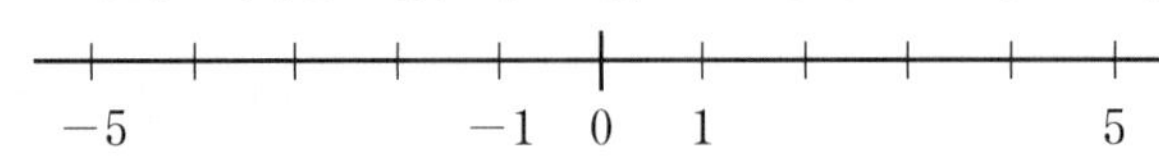

教科書のまとめ　＿＿に入るものを答えよう！

□ 0より小さい数を 負の数 ，0より大きい数を 正の数 という。

□ 整数には，正の整数，0，負の整数がある。正の整数を 自然数 ともいう。

□ 数直線上で，0からある数までの距離(きょり)を，その数の 絶対値 という。

□ 数の大小　正の数 は 負の数 より大きい。
正の数は0より大きく，絶対値が大きいほど 大きい 。
負の数は0より小さく，絶対値が大きいほど 小さい 。

Step 2 予想問題 1節 正の数・負の数

1ページ 30分

1章

【0より小さい数①】

❶ 次の数を，正の符号，負の符号をつけて表しなさい。

□(1) 0より15小さい数 (　　)

□(2) 0より8大きい数 (　　)

ヒント ❶ 0より大きい数には＋，0より小さい数には－をつけて表します。

【0より小さい数②(数直線)】

❷ 下の数直線上で，A，B，C，Dにあたる数を書きなさい。

□ また，次の数を，数直線上に表しなさい。

-3，-0.5，$\frac{7}{2}$，4

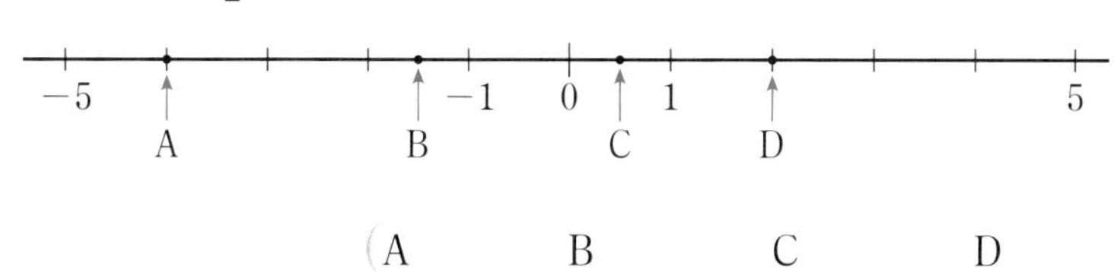

(A　　B　　C　　D　　)

ヒント ❷ 数直線では，正の数は0より右側に，負の数は0より左側に表されます。

ミスに注意 負の数の位置に注意しましょう。
−1.5(○)
−2 −1 0
−2.5(×)

【正の数・負の数で量を表すこと①】

❸ 正の数，負の数を使って，次のことを表しなさい。ただし，[　　]内に示した方を正の数で表すものとします。

□(1) 2分前，3分後　[後]

2分前(　　)

3分後(　　)

□(2) 4km東，6km西　[東]

4km東(　　)

6km西(　　)

ヒント ❸ どちらを正の数で表すのかはっきりさせて，正の数，負の数で表します。

【正の数・負の数で量を表すこと②】

❹ 右の表は，A〜Eの5人の生徒の数学のテストについて，それぞれの得点と平均点との違い(ちが)をまとめたものです。

□ 平均点は76点でした。表の㋐〜㋒にあてはまる数を求めなさい。

	A	B	C	D	E
得点(点)	72	78	70	76	83
平均点との違い	−4	+2	㋐(　)	㋑(　)	㋒(　)

ヒント ❹ 平均点よりも，高い場合は正の数，低い場合は負の数で表します。

【正の数・負の数で量を表すこと③】

❺ [　　]内のことばを使って，次のことを表しなさい。

□(1) 8点多い　[少ない] (　　)

□(2) 20cm長い　[短い] (　　)

ヒント ❺ 答えは，負の数を使って表します。

[解答▶p.1]

【正の数・負の数で量を表すこと④(負の数を使わないで表す)】

6 次のことを，負の数を使わないで表しなさい。

□(1)　-4 増える　(　　　　)

□(2)　-3 小さい　(　　　　)

【絶対値】

7 次の数の絶対値を答えなさい。また，次の数の符号を変えた数を書きなさい。

□(1)　-7

絶対値(　　　　)

符号を変えた数(　　　　)

□(2)　0.8

絶対値(　　　　)

符号を変えた数(　　　　)

【数の大小①】

8 次の2数の大小を，不等号を使って表しなさい。

□(1)　$-5,\ 4$　(　　　　)

□(2)　$-8,\ -2.8$　(　　　　)

□(3)　$-\frac{5}{3},\ -2.5$　(　　　　)

【数の大小②】

9 次の数を，小さい方から順に並べなさい。

□

$-9,\ 3,\ -3.3,\ 0.03,\ -\frac{10}{3},\ \frac{3}{2}$

(　　　　　　　　)

【数の大小③(絶対値)】

10 次の数について，あとの問いに答えなさい。

$0.1,\ -2.5,\ -3,\ 0,\ -\frac{2}{3},\ \frac{5}{2},\ -1$

□(1)　もっとも小さい数はどれですか。(　　　　)

□(2)　絶対値がもっとも小さい数はどれですか。(　　　　)

□(3)　絶対値が1より小さい数をすべて書きなさい。

(　　　　　　　　)

□(4)　絶対値が$\frac{4}{3}$より大きく，$\frac{10}{3}$より小さい数をすべて書きなさい。

(　　　　　　　　)

ヒント

6
反対の意味を表すことばを使います。
(1)－□増える➡□減る
(2)－□小さい
➡□大きい

7
ある数の絶対値は，その数の符号をとった数になります。

8
不等号の記号は，数を小さい順に並べるときには<を，大きい順に並べるときには>を使います。

ミスに注意
負の数は，絶対値が大きくなるほど，小さくなります。

9
分数は小数になおして考えます。

10
(2)0の絶対値は0です。
(3)1より小さい
→1はふくみません。

テスト得ダネ
数の大小比較や絶対値についての問題はよく出題されます。数直線上に表して考えてみましょう。

[解答▶p.1]

Step 1 基本チェック 2節 正の数・負の数の計算 3節 正の数・負の数の利用

15分

教科書のたしかめ [ ]に入るものを答えよう！

2節 正の数・負の数の計算

▶ 教 p.21-48 Step 2 ❶-⑯

解答欄

□(1) $(-2)+(+6)=$[$+4$]，$(-0.5)+(-0.3)=$[-0.8]

□(2) $\left(-\frac{1}{3}\right)+\left(+\frac{1}{4}\right)=$[$-\frac{1}{12}$]

□(3) $(-4)-(+5)=$[-9]，$(+7)-(-8)=$[$+15$]

□(4) $(+4)+(-3)-(-5)-(+9)=$[-3]

□(5) $-2+8-7=$[-1]

□(6) $-5.4+8.2-(-1.7)=$[$+4.5$]

□(7) $(-9)\times(-3)=$[$+27$]，$8\div(-4)=$[-2]

□(8) $(-0.6)\times(-0.7)=$[$+0.42$]，$\left(-\frac{7}{5}\right)\div\frac{14}{15}=$[$-\frac{3}{2}$]

□(9) $(-3)\times(-4)\div6=$[$+2$]

□(10) $15-\{(-3)^2-(6-8)\}=15-\{9-(-2)\}=15-11=$[$+4$]

□(11) -7，3，1.5，0，-0.8 の数のうち，自然数(しぜんすう)の集合(しゅうごう)に入るものは
[3]

□(12) 10から30までの自然数のうち，素数(そすう)は[6]個ある。

□(13) 28を素因数分解(そいんすうぶんかい)すると，$28=$[2^2]$\times7$

(1)
(2)
(3)
(4)
(5)
(6)
(7)
(8)
(9)
(10)
(11)
(12)
(13)

3節 正の数・負の数の利用

▶ 教 p.49-51 Step 2 ⑰

教科書のまとめ ＿＿に入るものを答えよう！

□ 正の数・負の数の加法(かほう)

同符号(どうふごう)の2数の和　符号…2数と 同じ 符号。絶対値…2数の絶対値の 和 。

異符号(いふごう)の2数の和　符号…絶対値の 大きい 方の符号。絶対値…2数の絶対値の大きい方から小さい方をひいた 差 。

□ 正の数・負の数の減法(げんぽう)　正の数・負の数をひくには， 符号 を変えた数をたせばよい。

□ 正の数・負の数の乗法(じょうほう)，除法(じょほう)

同符号の2数の積，商　符号… 正 。絶対値…2数の絶対値の 積，商 。

異符号の2数の積，商　符号… 負 。絶対値…2数の絶対値の 積，商 。

□ 2つの数の積が1になるとき，一方の数を，他方の数の 逆数 という。

□ 自然数全体の集まりを， 自然数の集合 といい，自然数(正の整数)のほかに，0と負の整数をあわせたものを， 整数の集合 という。

□ 1とその数のほかに約数がない自然数を 素数 という。ただし，1は 素数 にふくめない。

□ 自然数を素数だけの積で表すことを， 素因数分解 する という。

Step 2 予想問題 2節 正の数・負の数の計算 3節 正の数・負の数の利用

1ページ 30分

【正の数・負の数の加法，減法①(同符号の2数の和，異符号の2数の和)】

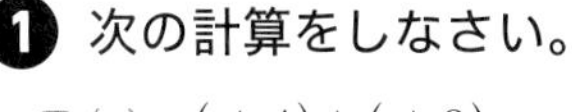

❶ 次の計算をしなさい。

□(1) $(+4)+(+8)$ ( )　□(2) $(-5)+(-2)$ ( )　□(3) $(-3)+(-10)$ ( )

□(4) $(+7)+(+16)$ ( )　□(5) $(-13)+(-6)$ ( )　□(6) $(-35)+(-24)$ ( )

□(7) $(-3)+(+9)$ ( )　□(8) $(+7)+(-4)$ ( )　□(9) $(+2)+(-6)$ ( )

□(10) $(-14)+(+9)$ ( )　□(11) $(+7)+(-7)$ ( )　□(12) $(+11)+(-23)$ ( )

【正の数・負の数の加法，減法②(2数の和の符号と絶対値)】

❷ 次の加法で，和の符号と絶対値を答えなさい。

□(1) $(+16)+(+17)$
和の符号( )
絶対値( )

□(2) $(-13)+(-18)$
和の符号( )
絶対値( )

□(3) $(+50)+(-26)$
和の符号( )
絶対値( )

□(4) $(-56)+(+27)$
和の符号( )
絶対値( )

□(5) $(+18)+(-32)$
和の符号( )
絶対値( )

□(6) $0+(-16)$
和の符号( )
絶対値( )

【正の数・負の数の加法，減法③(小数，分数の和)】

よく出る

❸ 次の計算をしなさい。

□(1) $(-0.2)+(-0.5)$ ( )　□(2) $(+2.5)+(-1.3)$ ( )　□(3) $(+3.6)+(-6.4)$ ( )

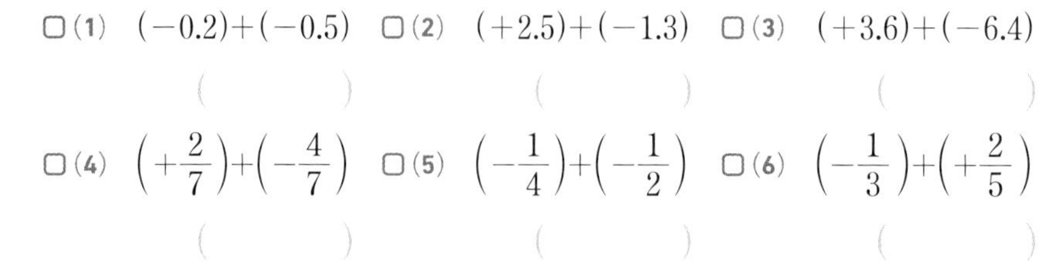

□(4) $\left(+\frac{2}{7}\right)+\left(-\frac{4}{7}\right)$ ( )　□(5) $\left(-\frac{1}{4}\right)+\left(-\frac{1}{2}\right)$ ( )　□(6) $\left(-\frac{1}{3}\right)+\left(+\frac{2}{5}\right)$ ( )

ヒント

❶
同符号の2数の和は，2数と同じ符号を，2数の絶対値の和につけます。
異符号の2数の和は，絶対値の大きい方の符号を，2数の絶対値の差につけます。

❷
2数の和の符号は，
・同符号のとき
　2数と同じ符号
・異符号のとき
　絶対値の大きい方の符号
になります。

❸
小数や分数をふくむ場合でも，整数の場合と計算のしかたは同じです。
(5)(6)分母が異なるので通分します。

[解答▶p.2]

【正の数・負の数の加法，減法④(正の数をひく計算，負の数をひく計算)】

4 次の計算をしなさい。

□(1) $(+8)-(+9)$　□(2) $(-3)-(+8)$　□(3) $0-(+5)$

(　　)　(　　)　(　　)

□(4) $(-24)-(+32)$　□(5) $(+1.2)-(+3.6)$　□(6) $\left(-\frac{1}{5}\right)-\left(+\frac{3}{5}\right)$

(　　)　(　　)　(　　)

□(7) $(+8)-(-3)$　□(8) $(-12)-(-6)$　□(9) $0-(-5)$

(　　)　(　　)　(　　)

□(10) $(-8)-(-8)$　□(11) $(+3.2)-(-4.5)$　□(12) $\left(-\frac{1}{4}\right)-\left(-\frac{3}{8}\right)$

(　　)　(　　)　(　　)

ヒント

4

正の数をひくには，ひく数の符号を負に変えた数をたします。
負の数をひくには，ひく数の符号を正に変えた数をたします。

テスト得ダネ

分数の計算では，
・符号を変える
・通分する
と2つのポイントがあります。

【正の数・負の数の加法，減法⑤(加法と減法の混じった式)】

5 次の式を，加法だけの式になおして，正の項(こう)，負の項をそれぞれ答えなさい。

□(1) $(+6)+(-15)-(-8)-(+7)$

正の項(　　)　負の項(　　)

□(2) $(-13)-(-8)+(-4)-(+2)-(-17)$

正の項(　　)　負の項(　　)

5

減法は加法になおせることを使います。
正の項を答えるときには，符号 + を省いてもよいです。

【正の数・負の数の加法，減法⑥(加法と減法の混じった計算①)】

よく出る

6 次の計算をしなさい。

□(1) $6-11$　□(2) $3-4+7$

(　　)　(　　)

□(3) $4+(-8)-(-9)$　□(4) $-34-(-29)+(-54)+36$

(　　)　(　　)

6

かっこを省いた式で表し，正の項の和，負の項の和をそれぞれ求めます。

【正の数・負の数の加法，減法⑦(加法と減法の混じった計算②)】

点UP

7 次の計算をしなさい。

□(1) $4.1-2.8-1.5$　□(2) $-9.2+3.5-(-2.5)$

(　　)　(　　)

□(3) $\frac{3}{4}-\frac{2}{3}-\frac{1}{2}$　□(4) $-\frac{1}{5}-\frac{3}{10}-\left(-\frac{1}{2}\right)$

(　　)　(　　)

7

小数や分数の場合でも，整数と同様に，正の項の和，負の項の和をそれぞれ求めます。

[解答▶p.2-3]

【正の数・負の数の乗法，除法①(正の数・負の数をかける，正の数・負の数でわる)】

8 次の計算をしなさい。

□(1) $(-4)\times5$　(　　)
□(2) $(-14)\times2$　(　　)
□(3) $(-15)\times(-12)$　(　　)
□(4) $8\times(-3)$　(　　)
□(5) $(-4)\times(-9)$　(　　)
□(6) $(-24)\times0$　(　　)
□(7) $(-54)\div6$　(　　)
□(8) $72\div(-9)$　(　　)
□(9) $(-20)\div(-25)$　(　　)
□(10) $(-51)\div(-3)$　(　　)
□(11) $(-96)\div32$　(　　)
□(12) $(-66)\div(-11)$　(　　)

【正の数・負の数の乗法，除法②(小数の乗除・分数の乗法)】

よく出る

9 次の計算をしなさい。

□(1) $8\times(-0.4)$　(　　)
□(2) $(-1.2)\times(-0.2)$　(　　)
□(3) $4.2\div(-0.6)$　(　　)
□(4) $0\div(-1.7)$　(　　)
□(5) $\frac{1}{2}\times\left(-\frac{6}{7}\right)$　(　　)
□(6) $\left(-\frac{8}{9}\right)\times\left(-\frac{3}{2}\right)$　(　　)

【正の数・負の数の乗法，除法③(逆数)】

10 次の数の逆数を答えなさい。

□(1) $\frac{3}{4}$　(　　)
□(2) $-\frac{1}{8}$　(　　)
□(3) -3　(　　)

【正の数・負の数の乗法，除法④(除法を乗法になおす)】

11 次の除法を，乗法になおして計算しなさい。

□(1) $\frac{8}{3}\div(-6)$　(　　)
□(2) $\frac{2}{3}\div\left(-\frac{1}{9}\right)$　(　　)
□(3) $\left(-\frac{4}{5}\right)\div\left(-\frac{3}{10}\right)$　(　　)

【正の数・負の数の乗法，除法⑤(3つ以上の数の乗除)】

点UP

12 次の計算をしなさい。

□(1) $(-2)\times(-3)\times4$　(　　)
□(2) $(-6)\times(-12)\div(-18)$　(　　)
□(3) $4\div\left(-\frac{8}{3}\right)\times\left(-\frac{5}{6}\right)$　(　　)
□(4) $\left(-\frac{7}{6}\right)\div\left(-\frac{5}{6}\right)\div\left(-\frac{14}{15}\right)$　(　　)

ヒント

8
2数の積の符号
$(+)\times(+)$, $(-)\times(-)$ → $(+)$
$(+)\times(-)$, $(-)\times(+)$ → $(-)$
2数の商の符号
$(+)\div(+)$, $(-)\div(-)$ → $(+)$
$(+)\div(-)$, $(-)\div(+)$ → $(-)$

9
小数や分数をふくむ場合でも，整数の場合と計算のしかたは同じです。

10
分数の場合は，分母と分子を入れかえます。負の数の逆数は負の数になります。

11
わる数の逆数をかけます。

12
乗法だけの式になおしてから，答えの符号を決めます。
負の符号 {偶数個→ ＋ / 奇数個→ －

[解答▶p.3]

【いろいろな計算①(指数をふくむ計算，四則が混じった計算)】

よく出る

13 次の計算をしなさい。

□(1) $(-3)^2$　□(2) -4^2　□(3) $3^2\times2^3$

(　　)　(　　)　(　　)

□(4) $(-2)^2\div(-5^2)$　□(5) $12-8\div(-4)$　□(6) $16\div4-2\times3$

(　　)　(　　)　(　　)

□(7) $(-1)^3+(-3^2)\times5$　□(8) $1-48\div(2-8)$

(　　)　(　　)

□(9) $4-\{-7\times(6-7)\}$　□(10) $\left(\frac{1}{4}+\frac{2}{3}\right)\times(-12)$

(　　)　(　　)

□(11) $-6-(3-5)^2\div4+(-2)^3\times(-1)$　(　　)

【いろいろな計算②(加法，減法の応用)】

14 □ 右の表で，どの縦，横，斜(なな)めの4つの数を加えても，和が等しくなるようにします。表の㋐〜㋖にあてはまる数を求めなさい。

7	−5	−4	㋐
㋑	㋒	1	−3
㋓	㋔	−2	2
㋕	4	3	㋖

【数の世界のひろがり①】

15 次の数の集合で，いつでも計算ができるのは，加法，減法，乗法，除法のうち，どれですか。ただし，0でわる場合は除きます。

□(1) 自然数の集合　□(2) 整数の集合

(　　)　(　　)

【数の世界のひろがり②(素因数分解)】

よく出る

16 次の数を素因数分解しなさい。

□(1) 36　□(2) 48　□(3) 120

(　　)　(　　)　(　　)

【正の数・負の数の利用】

17 □ 右の表は，A〜Eの5人のテストの結果を，Bを基準にして，各自の得点がどれだけ高いかを表したものです。Bの得点が81点であるとき，この5人の平均点を求めなさい。

A	B	C	D	E
−4	0	+7	−8	+2

(　　)

ヒント

13
符号に注意しましょう。

ミスに注意
$(-4)^2=(-4)\times(-4)$
$-4^2=-(4\times4)$
の違(ちが)いに注意します。

四則が混じった計算
①指数のある部分
②かっこの中
③乗法・除法
④加法・減法
の順に計算します。
(10)分配法則を使います。
$a\times(b+c)=a\times b+a\times c$
$(b+c)\times a=b\times a+c\times a$

14
最初に，4つの数がそろっているところの和を求めます。

15
(1)正の整数を，自然数といいます。

16
順に小さい素数でわっていきます。

17
(平均点)
=(基準点)
+(基準点との差の平均)
で求めることができます。

[解答▶p.3-4]

Step 3 予想テスト 1章 正の数・負の数

30分 / 100点 目標 80点

1 次の問いに答えなさい。知 10点(各2点)

□(1) 0 ℃より 12 ℃低い温度を，正の符号，負の符号をつけて表しなさい。

□(2) 3400 円の収入を ＋3400 円で表すとき，1200 円の支出はどのように表せますか。

□(3) ある地点から北へ 20 m 移動することを ＋20m と表すとき，－18m はどのような移動を表しますか。

□(4) －5 個少ないことを，負の数を使わないで表しなさい。

□(5) 正の整数のことを何といいますか。漢字で書きなさい。

2 次の 2 数の大小を，不等号を使って表しなさい。知 9点(各3点)

□(1) $2,\ -6$ □(2) $-\frac{1}{8},\ -\frac{1}{4}$ □(3) $-0.9,\ -0.09$

3 次の計算をしなさい。知 18点(各3点)

□(1) $(-4)+(-5)$ □(2) $(-11)-(-27)$ □(3) $5.7+(-6.2)$

□(4) $-\frac{1}{6}+\left(-\frac{4}{9}\right)-\frac{2}{3}$ □(5) $-8+6-4-5$ □(6) $15+(-35)-48-(-29)$

4 次の計算をしなさい。知 24点(各3点)

□(1) $(-5)\times 8$ □(2) $27\div(-3)$

□(3) $(-4)\times 6\div(-3)$ □(4) $14\div\left(-\frac{1}{2}\right)\div(-7)$

□(5) $(-2^3)\times(-3)^2$ □(6) $\left(\frac{2}{5}\right)^2\div\left(-\frac{4}{15}\right)$

□(7) $(-3)\times\{-4-(-7)\}+11$ □(8) $-7+3\div(-2+4)$

5 □ 右の表で，どの縦，横，斜(なな)めの 4 つの数を加えても，和が等しくなるようにします。表の㋐～㋕にあてはまる数を求めなさい。

知 考 18点(各3点)

7	㋐	6	－9
－9	6	㋑	㋒
㋓	3	－8	㋔
7	㋕	3	－6

 成績評価の観点 知…数量や図形などについての知識・技能 考…数学的な思考・判断・表現

6 次の問いに答えなさい。知　6点(各3点)

□(1) 絶対値が3より小さい整数の個数を答えなさい。

□(2) 絶対値が$\frac{11}{3}$より小さい整数を，小さい順に書きなさい。

7 540を素因数分解しなさい。知　5点

□

8 右の表は，A～Eの5人の生徒の数学のテストについて，それぞれの得点と目標点との違い(ちがい)をまとめたものです。表の㋐～㋓にあてはまる数を求めなさい。また，この5人の平均点を求めなさい。ただし，目標点は5人とも同じであるものとします。知 考　10点(各2点)

□

	A	B	C	D	E
得点(点)	㋐	71	60	㋑	98
目標点との違い	-2	-9	㋒	$+3$	㋓

1	(1)	(2)	(3)
	(4)	(5)	
2	(1)	(2)	(3)
3	(1)	(2)	(3)
	(4)	(5)	(6)
4	(1)	(2)	(3)
	(4)	(5)	(6)
	(7)	(8)	
5	㋐	㋑	㋒
	㋓	㋔	㋕
6	(1)	(2)	
7			

8	㋐	㋑	㋒	㋓
	平均点　点			

1 ／10点　**2** ／9点　**3** ／18点　**4** ／24点　**5** ／18点　**6** ／6点　**7** ／5点　**8** ／10点

[解答▶p.4-5]

Step 1 基本チェック　1節 文字を使った式

15分

教科書のたしかめ　[　]に入るものを答えよう！

❶ 数量を文字で表すこと
▶ 教 p.58-59　Step 2 ❶

解答欄

□(1) 1本 a 円のペンを4本買ったときの代金は，[$a\times4$](円)である。　(1)

□(2) 1個 b 円のケーキ6個を，50円の箱につめたときの代金は，[$b\times6+50$](円)である。　(2)

□(3) 1冊 a 円のノート3冊と，1本 b 円の鉛筆(えんぴつ)を5本買ったときの代金の合計は，([$a\times3+b\times5$])円である。　(3)

❷ 文字式の表し方
▶ 教 p.60-64　Step 2 ❷-❺

□(4) $x\times y$ は，文字式の表し方にしたがって[xy]と書く。　(4)

□(5) $a\times27$ は，文字式の表し方にしたがって[$27a$]と書く。　(5)

□(6) $(-1)\times a$ は，文字式の表し方にしたがって[$-a$]と書く。　(6)

□(7) $6\times y\times y\times x$ は，文字式の表し方にしたがって[$6xy^2$]と書く。　(7)

□(8) $m\div n$ は，文字式の表し方にしたがって[$\frac{m}{n}$]と書く。　(8)

□(9) $x$kmの道のりを時速6kmで歩くとき，かかる時間は[$\frac{x}{6}$](時間)である。　(9)

□(10) $a$kgの21%の重さは，[$\frac{21}{100}a$](kg)である。　(10)

❸ 式の値
▶ 教 p.65-67　Step 2 ❻-❽

□(11) $x=3$ のとき，$10-4x$ の値は，[-2]である。　(11)

□(12) $a=-4$ のとき，a^2 の値は，[16]である。　(12)

□(13) $x=-2$，$y=5$ のとき，$2x+3y$ の値は，[11]である。　(13)

教科書のまとめ　＿＿に入るものを答えよう！

□文字式の表し方
①かけ算の記号 × を 省いて 書く。
②文字と数の積では，数を文字の 前 に書く。
③同じ文字の積は， 指数 を使って書く。
④わり算は，記号 ÷ を使わないで， 分数 の形で書く。

□式の中の文字に数をあてはめることを 代入 するという。

□文字に数を代入するとき，その数を 文字の値 といい，代入して求めた結果を 式の値 という。

Step 2 予想問題 1節 文字を使った式

1ページ 30分

【数量を文字で表すこと】

1 次の数量を表す式を書きなさい。

□(1) 1個 a 円のメロンを3個買い，1000円出したときのおつり
(　　　　　　　)

□(2) 底辺の長さが $a$cm，高さが $h$cm の平行四辺形の面積
(　　　　　　　)

【文字式の表し方①】

よく出る

2 次の式を，記号 ×，÷ を使わないで表しなさい。

□(1) $x\times(-1)\times y$ (　　　)　□(2) $a\times a\times a\times a$ (　　　)　□(3) $(b+c)\times 6$ (　　　)

□(4) $5\div a$ (　　　)　□(5) $(x-y)\div 4$ (　　　)　□(6) $5+2\times x$ (　　　)

□(7) $b\times(-3)-c\div 7$ (　　　)　□(8) $(a+b)\times h\div 2$ (　　　)

【文字式の表し方②】

3 次の式を，記号 ×，÷ を使って表しなさい。

□(1) $7x^2y$ (　　　)　□(2) $\dfrac{m+n}{5}$ (　　　)　□(3) $3(a+b)-\dfrac{c}{6}$ (　　　)

【文字式の表し方③(数量を文字の式で表す)】

よく出る

4 次の数量を表す式を書きなさい。

□(1) 5人が x 円ずつ出して，y 円の品物を買ったときの残金
(　　　　　　　)

□(2) $x$km の道のりを5時間かけて歩いたときの時速
(　　　　　　　)

□(3) 百の位が a，十の位が b，一の位が c である3けたの整数
(　　　　　　　)

□(4) x 円の9% (　　　　　　　)

□(5) y 円の7割引き (　　　　　　　)

ヒント

1
(1)(おつり)＝(出した金額)－(代金)
(2)(平行四辺形の面積)＝(底辺)×(高さ)

ミスに注意
単位をつけ忘れないようにしましょう。

2
(1)1 や －1 をかけるときは，1を省きます。
(2)同じ文字の積は，指数を使って表します。
(4)わり算は分数の形で書きます。

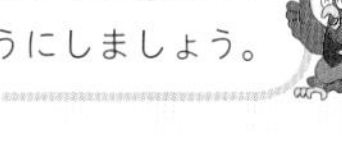

ミスに注意
$1\times a=1a$ (×)
$1\times a=a$ (○)
$-1\times a=-1a$ (×)
$-1\times a=-a$ (○)

3
(2)$m+n$ には(　)をつけます。

4
(3)例えば，234 は，$100\times 2+10\times 3+1\times 4$ と表せます。

【文字式の表し方④(数量を文字の式で表すことの応用)】

5 1辺に同じ個数の碁石(ごいし)を並べて，右の図のように正方形をつくります。1辺に並べる碁石の数をx個とするとき，次の問いに答えなさい。

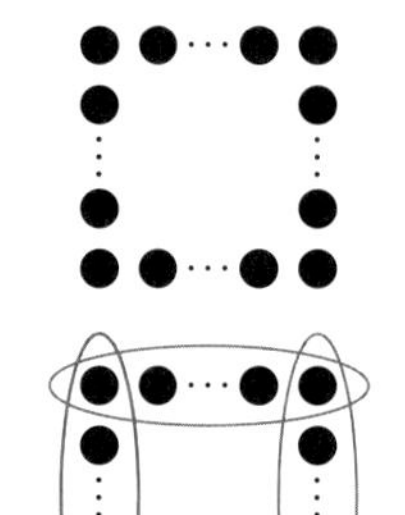

□(1) 鈴木さんは右の図のように考えて，全部の碁石の個数を式に表しました。どんな式ですか。

(　　　　)

□(2) 山田さんが求めた式は，$4(x-2)+4$ になりました。山田さんがどのように考えたのか説明しなさい。

(　　　　)

ヒント

5

(1)2回数えている碁石の個数を考えます。

テスト得ダネ

数量を文字式で表す問題はよく出題されます。文字式の表し方をしっかり身につけておきましょう。

【式の値①】

6 $x=-4$ のとき，次の式の値を求めなさい。

□(1) $-x+8$　　□(2) $1-\frac{1}{4}x$

(　　　　)　(　　　　)

□(3) $-\frac{12}{x}$　　□(4) $-x^2$

(　　　　)　(　　　　)

6

×，÷ の記号を使って式を表し，負の数を代入するときは，(　)をつけます。

ミスに注意

$(-x)^2=(-x)\times(-x)$
$-x^2=-(x\times x)$
の違(ちが)いに注意します。

【式の値②】

7 $x=-\frac{1}{3}$ のとき，次の式の値を求めなさい。

□(1) x^2　　□(2) $-\frac{6}{x}$

(　　　　)　(　　　　)

7

(2)$-\frac{6}{x}=(-6)\div x$ のように ÷ の記号を使った式に表してから，代入します。

【式の値③】

8 $a=3$，$b=-2$ のとき，次の式の値を求めなさい。

□(1) $3a-2b$　　□(2) $-\frac{7}{9}a+b$

(　　　　)　(　　　　)

□(3) $\frac{a+b}{2}$

(　　　　)

8

文字が2つある式の値も，負の数を代入するときは，(　)をつけます。

[解答▶p.6-7]

Step 1 基本チェック 2節 文字式の計算

15分

教科書のたしかめ [ ]に入るものを答えよう!

解答欄

❶ 文字式の加法，減法 ▶ 教 p.69-73 Step 2 ❶-❸

□(1) 式 $10-3x$ の項(こう)は，[10， $-3x$]で，文字をふくむ項の係数(けいすう)は[-3]である。 (1)

□(2) $2x+4x=$[$6x$]，$4x-7x=$[$-3x$] (2)

□(3) $x+2-3x-4=$[$-2x-2$] (3)

□(4) $-4a+2-(7-6a)=-4a+2-7+6a=$[$2a-5$] (4)

❷ 文字式と数の乗法，除法 ▶ 教 p.74-76 Step 2 ❹-❻

□(5) $6a\times7=$[$42a$] (5)

□(6) $2x\times5=$[$10x$] (6)

□(7) $21x\div(-7)=$[$-3x$] (7)

□(8) $-4x\div4=$[$-x$] (8)

□(9) $3(2x-5)=$[$6x-15$] (9)

□(10) $(6x-8)\div(-2)=$[$-3x+4$] (10)

□(11) $4(x+2)-3(x-3)=4x+8-3x+9=$[$x+17$] (11)

□(12) $-\frac{1}{4}(8y-4)+\frac{1}{3}(9y-6)=-2y+1+3y-2=$[$y-1$] (12)

❸ 関係を表す式 ▶ 教 p.77-80 Step 2 ❼❽

□(13) a 人が1人300円ずつ出して，b 円のボールを買ったところ，200円残った。このときの数量の関係を等式(とうしき)に表すと，[$300a-b=200$]である。 (13)

□(14) a と b の和は7以下である。このときの数量の関係を不等式(ふとうしき)に表すと，[$a+b\leqq7$]である。 (14)

□(15) ある数 a の2倍に3を加えた数は，ある数 b の3倍から4をひいた数以上である。このときの数量の関係を不等式で表すと，[$2a+3\geqq3b-4$]である。 (15)

教科書のまとめ ___ に入るものを答えよう!

□ 式 $2x-3$ の $2x$，-3 を式の 項 といい，$2x$ の2を x の 係数 という。

□ $2x$，$-3y$ のように，文字が1つだけの項を 1次の項 という。

□ 1次の項だけの式，または，1次の項と数の項の和で表されている式を 一次式 という。

□ 等式　等号「＝」を使って，2つの数量が 等しい 関係を表した式。

□ 不等式　不等号「＞，＜，≧，≦」を使って，2つの数量の 大小関係 を表した式。

Step 2 予想問題 2節 文字式の計算

1ページ 30分

【文字式の加法，減法①(項と係数)】

❶ 次の式の項をいいなさい。また，文字をふくむ項について，係数をいいなさい。

□(1) $a-6b$

項(　　　　)

aの係数(　　　　)

bの係数(　　　　)

□(2) $\dfrac{x}{5}-y+3$

項(　　　　)

xの係数(　　　　)

yの係数(　　　　)

【文字式の加法，減法②(それぞれの項をまとめて計算する)】

よく出る

❷ 次の式を簡単にしなさい。

□(1) $7x-9x+3x$ (　　　　)

□(2) $-6x+8-3x-10$ (　　　　)

□(3) $-9y+4+8y-6$ (　　　　)

□(4) $6a+4+(-5a+6)$ (　　　　)

□(5) $-3a-(-8+5a)$ (　　　　)

□(6) $5x-2-(-5x-2)$ (　　　　)

【文字式の加法，減法③(式をたすこと，式をひくこと)】

❸ 次の2つの式をたしなさい。また，左の式から右の式をひきなさい。

□(1) $5x+4,\ 3x-2$

たす(　　　　)

ひく(　　　　)

□(2) $-4x+6,\ -6+7x$

たす(　　　　)

ひく(　　　　)

【文字式と数の乗法，除法①(文字式×数，文字式÷数)】

❹ 次の計算をしなさい。

□(1) $3x\times(-8)$ (　　　　)

□(2) $\dfrac{5}{9}x\times(-45)$ (　　　　)

□(3) $-24y\div(-3)$ (　　　　)

□(4) $8y\div\left(-\dfrac{4}{5}\right)$ (　　　　)

ヒント

❶

式を＋，－の前で区切ったものを項といい，文字をふくむ項で文字の前の数を係数といいます。

(2) $\dfrac{x}{5}=\dfrac{1}{5}x$ です。

ミスに注意

a の係数は 1，$-y$ の係数は -1 です。

文字の部分が同じ項は，まとめることができます。

$mx+nx=(m+n)x$

ミスに注意

かっこの前が － のときは，かっこの中の各項の符号を変えたものの和として表しましょう。

和(　)＋(　)

差(　)－(　)

と表してから，(　)をはずして，簡単にします。

❹

(4)わり算は，わる数の逆数をかけます。

[解答▶p.7-8]

【文字式と数の乗法，除法②(項が 2 つの式 × 数，項が 2 つの式 ÷ 数)】

5 次の計算をしなさい。

□(1) $3(4x-6)$　　□(2) $-5(2-9x)$

( )　( )

□(3) $10\left(\frac{2}{5}x+\frac{3}{2}\right)$　　□(4) $(4x-10)\div(-2)$

( )　( )

□(5) $(6a-15)\div\left(-\frac{3}{5}\right)$　　□(6) $\frac{7x+3}{2}\times6$

( )　( )

【文字式と数の乗法，除法③(かっこがある式の計算)】

6 次の計算をしなさい。

□(1) $x-6+3(x-2)$　　□(2) $5(2y+1)-8(2-y)$

( )　( )

□(3) $4(3x+4)-3(4x-5)$　　□(4) $6\left(\frac{1}{3}x+2\right)-4\left(x-\frac{3}{2}\right)$

( )　( )

【関係を表す式①】

7 次の数量の関係を，等式か不等式に表しなさい。

□(1) 10 円硬貨(こうか) a 枚と 100 円硬貨 b 枚をあわせると，c 円になる。

( )

□(2) x 人の生徒にカードを配るとき，5 枚ずつ配ると 4 枚余り，8 枚ずつ配ろうとすると，y 枚たりない。

( )

□(3) ある数 x に 7 を加えると，10 より大きい。

( )

□(4) a 個の菓子(かし)のうち 3 個食べたが，残りはまだ 10 個以上ある。

( )

【関係を表す式②(関係を表す式の意味)】

8 □ 1 個 a 円のりんごと，1 個 b 円のみかんを買います。このとき，次の不等式はどんなことを表していますか。

$3a+5b\leqq1000$

( )

ヒント

5
項が 2 つ以上の式に数をかけたり，数でわったりするには，次の式を使います。

$m(a+b)=ma+mb$

$\frac{a+b}{m}=\frac{a}{m}+\frac{b}{m}$

(6) $\frac{(7x+3)\times\overset{3}{\cancel{6}}}{\underset{1}{\cancel{2}}}$

$=(7x+3)\times3$

6
(2)〜(4)かっこの前の − に注意して，かっこをはずします。

7
(3)(4)「より大きい」と「以上」の違いに注意しましょう。

テスト得ダネ
数量の関係を等式や不等式に表す問題はよく出題されます。速さ・道のり・時間の関係や，図形の周や面積についても復習しておきましょう。

8
$3a=a\times3$ と表せるから，りんご 3 個の代金を表しています。

Step 3 予想テスト

2章 文字の式

30分

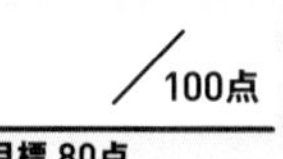
/100点
目標 80点

1 次の式を，文字式の表し方にしたがって書きなさい。知　18点(各3点)

□(1) $x\times1$　□(2) $-b\times5\times a$　□(3) $a\times a\times(-1)$

□(4) $(m-n)\div3$　□(5) $20\times n+30$　□(6) $x\times(-4)-6\div y$

2 次の式を，記号 ×，÷ を使って表しなさい。知　18点(各3点)

□(1) $3xy$　□(2) $-6ab^2$　□(3) $\dfrac{2}{x}$

□(4) $\dfrac{x-y}{2}$　□(5) $7a-8b$　□(6) $\dfrac{5}{x}+4(y+z)$

3 次の式の値を求めなさい。知　9点(各3点)

□(1) $x=3$ のとき，$4x-3$ の値　□(2) $a=-1$ のとき，$-a^3$ の値

□(3) $x=-5$，$y=4$ のとき，$-x+5y$ の値

4 次の式の項をいいなさい。また，文字をふくむ項について，係数をいいなさい。知　12点(各2点)

□(1) $2x-4y$　□(2) $-\dfrac{a}{3}+b-6$

得点UP
5 次の計算をしなさい。知　16点(各2点)

□(1) $a-6-2a+3$　□(2) $x+3-\left(\dfrac{x}{3}+7\right)$

□(3) $-(2x-7)-(3x+6)$　□(4) $100(0.05x-0.1)$

□(5) $\dfrac{2x-7}{3}\times(-6)$　□(6) $(4y-6)\div\dfrac{2}{3}$

□(7) $4(x+3)-3(4x-6)$　□(8) $\dfrac{1}{3}(3y-9)-2(y+5)$

❻ 次の数量を表す式を書きなさい。知 9点(各3点)

□(1) 10冊 x 円のノートの1冊あたりの代金

□(2) x と y の和の半分

□(3) am のテープから，$b$cm のテープを切り取ったあとの残りの長さ

2章

❼ 次の(1)，(2)の図形について，面積を表す式を，それぞれ書きなさい。知 6点(各3点)

□(1) 2本の対角線の長さが $a$cm と $b$cm のひし形

□(2) 1辺の長さが $x$cm の正方形

❽ 次の数量の関係を，等式か不等式に表しなさい。知 考 12点(各4点)

□(1) 1個200円のチョコレート x 個と，1個 y 円のガム6個の代金の合計は1400円である。

□(2) $x$km の道のりを時速60km の速さで進むと，y 時間かかる。

□(3) 兄の体重は $x$kg，弟の体重は $y$kg，父の体重は70kg である。兄と弟の体重の和の2倍は，父の体重よりも重い。

❶	(1)	(2)	(3)	
	(4)	(5)	(6)	
❷	(1)	(2)	(3)	
	(4)	(5)	(6)	
❸	(1)	(2)	(3)	
❹	(1)項	x の係数	y の係数	
	(2)項	a の係数	b の係数	
❺	(1)	(2)	(3)	(4)
	(5)	(6)	(7)	(8)
❻	(1)	(2)	(3)	
❼	(1)	(2)		
❽	(1)	(2)	(3)	

[解答▶p.9-10]

Step 1 基本チェック 1節 方程式

15分

教科書のたしかめ [ ]に入るものを答えよう！

❶ 方程式とその解 ▶ 教 p.88-91 Step 2 ❶❷

解答欄

□(1) 2，3，4 のうち，方程式 $2x+3=x+5$ の解(かい)は，[2]である。 (1)

□(2) $x-5=-2$ の両辺に[5]をたすと，$x=$[3]となる。 (2)

□(3) $\frac{1}{3}x=-2$の両辺に[3]をかけると，$x=$[-6]となる。 (3)

□(4) $4x=-20$ の両辺を[4]でわると，$x=$[-5]となる。 (4)

❷ 方程式の解き方 ▶ 教 p.92-96 Step 2 ❸-❼

□(5) $9x-2=3x+10$ を，次のように解いた。

$3x$，-2 を移項(いこう)して，　$9x$[$-$]$3x=10$[$+$]2 (5)

左辺，右辺を計算して，　[6]$x=$[12]

両辺を[6]でわって，　$x=$[2]

□(6) $7x+3=6(x-2)$ を，次のように解いた。

かっこをはずして，　$7x+3=6x-$[12] (6)

3，$6x$ を移項して，　$7x$[$-$]$6x=-$[12]-3

左辺，右辺を計算して，　$x=$[-15]

❸ 比と比例式 ▶ 教 p.97-98 Step 2 ❽

□(7) $a:b$ の比(ひ)の値(あたい)は[$\frac{a}{b}$]である。 (7)

□(8) 比例式(ひれいしき) $x:4=9:6$ を解くと，

$6x=$[36] (8)

$x=$[6]

教科書のまとめ ＿＿に入るものを答えよう！

□まだわかっていない数を表す文字をふくむ等式を 方程式 という。

□方程式(ほうていしき)を成り立たせる文字の値を，その方程式の 解 ， 解 を求めることを，方程式を 解く という。

□**等式の性質**　等式 $A=B$ が成り立つとき，次の①～④が成り立つ。

① $A+C=B+C$　② $A-C=B-C$　③ $A\times C=B\times C$

④ $A\div C=B\div C$ (C は 0 ではない)

□一方の辺の項(こう)を，符号(ふごう)を変えて，他方の辺に移すことを 移項 するという。

□**比例式の性質**　…外側の項の積と内側の項の積は等しい。$a:b=c:d$ ならば， ad ＝ bc

Step 2 予想問題　1節 方程式

1ページ 30分

【方程式とその解①】

❶ 次の方程式のうち，-3 が解であるものをすべて選びなさい。

□ ㋐ $x+7=0$　㋑ $2x=-6$　㋒ $8+x=2x+11$

(　　　)

【方程式とその解②(等式の性質)】

❷ 次の方程式を，等式の性質を使って解きなさい。また，変形は等式の性質のうちどれを使っていますか。下の表の①〜④の中から選び，記号で答えなさい。

□(1) $x+3=10$　(　　)(　　)

□(2) $x-2=7$　(　　)(　　)

□(3) $9x=-45$　(　　)(　　)

□(4) $\frac{x}{3}=8$　(　　)(　　)

等式の性質

$A=B$ ならば，

① $A+C=B+C$

② $A-C=B-C$

③ $A\times C=B\times C$

④ $A\div C=B\div C$

(Cは0ではない)

【方程式の解き方①】

❸ 次の方程式を，移項して解きなさい。

□(1) $5x+6=11$　(　　)

□(2) $2x=42-4x$　(　　)

□(3) $3x-8=5x+4$　(　　)

□(4) $13-6x=25-9x$　(　　)

□(5) $-7-3x=5x+65$　(　　)

□(6) $-4y+21=-7+3y$　(　　)

【方程式の解き方②】

❹ 次の方程式を，かっこをはずして解きなさい。

□(1) $4(x+2)=9$　(　　)

□(2) $-2(x+1)+3=5$　(　　)

□(3) $2x-(9x-3)=8$　(　　)

□(4) $-3(2x-4)=5(x-2)$　(　　)

ヒント

❶ 方程式に $x=-3$ を代入して，左辺＝右辺が成り立つかどうかを調べます。

❷ どのような等式の性質を使えば，左辺を x だけにして，$x=$□の形にできるかを考えます。

❸ 文字をふくむ項を一方の辺に，数の項を他方の辺に集めます。移項すると，符号が変わることに注意しましょう。

(3) $3x-8=5x+4$

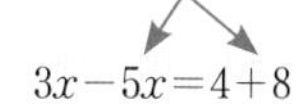

$3x-5x=4+8$

❹ かっこの前に － があるときは，かっこをはずすと，かっこの中の各項の符号が変わります。

3章

【方程式の解き方③】

❺ 次の方程式を，分母をはらって解きなさい。

□(1) $\frac{4}{5}x-2=x+1$　　□(2) $\frac{1}{2}x-3=\frac{3}{4}x-5$

(　　　　)　(　　　　)

□(3) $\frac{x-5}{3}=\frac{3+x}{7}$　　□(4) $\frac{2y-1}{6}=\frac{y+1}{4}-1$

(　　　　)　(　　　　)

ヒント

❺
分母をはらうためには，両辺に分母の公倍数をかけます。

ミスに注意
すべての項に分母の公倍数をかけることを忘れないようにしましょう。

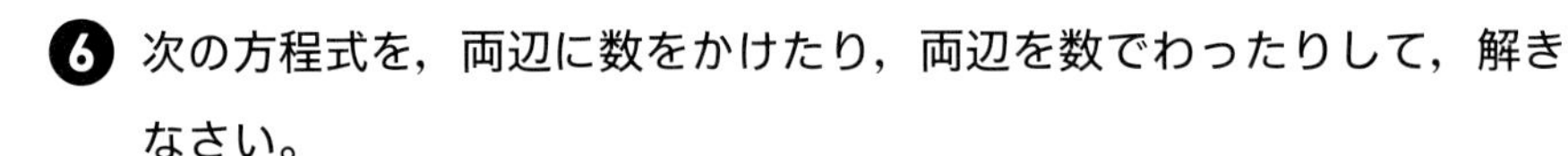

【方程式の解き方④】

❻ 次の方程式を，両辺に数をかけたり，両辺を数でわったりして，解きなさい。

□(1) $0.7x-1.2=0.3x$　　□(2) $0.4x-1.7=1+0.7x$

(　　　　)　(　　　　)

□(3) $500(x-6)=2000x$　　□(4) $30(x-2)+40=160$

(　　　　)　(　　　　)

❻
それぞれ簡単な式にしてから解きます。
(1)(2)両辺に 10 をかけて，係数が整数である方程式になおしましょう。
(3)両辺を 500 でわります。
(4)両辺を 10 でわります。

【方程式の解き方⑤】

❼ 次の方程式を解きなさい。

□(1) $0.12x=0.09x-0.02$　　□(2) $0.07(x-4)=0.1(x-1)$

(　　　　)　(　　　　)

□(3) $\frac{x}{5}-\frac{x+3}{2}=0$　　□(4) $\frac{6+x}{3}-\frac{3}{4}x=\frac{1}{6}x$

(　　　　)　(　　　　)

❼
(1)(2)両辺に 100 をかけて，係数を整数になおしましょう。
(3)分数の前の － の符号に注意しましょう。
(4)両辺に分母の公倍数 12 をかけて，分母をはらいましょう。

【比と比例式】

❽ 次の比例式を解きなさい。

□(1) $x:3=4:6$　　□(2) $9:2=7:x$

(　　　　)　(　　　　)

□(3) $12:\frac{3}{7}=x:1$　　□(4) $x:(x-6)=4:3$

(　　　　)　(　　　　)

❽
比例式は，
比例式の性質
　$a:b=c:d$ ならば，
　$ad=bc$
(外側の項の積と内側の項の積は等しい)
を使って解きます。

[解答▶p.12-13]

Step 1 基本チェック 2節 方程式の利用

15分

教科書のたしかめ [ ]に入るものを答えよう！

❶ 方程式の利用

▶ 教 p.100-105 Step 2 ❶-❼

解答欄

□(1) 1個 x 円のパン3個と，120円のジュース1本を買ったときの代金の合計は，[$3x+120$](円)である。 (1)

□(2) 1000円で，(1)の代金を払(はら)ったときのおつりは，[$1000-(3x+120)$](円)である。 (2)

□(3) (2)で，おつりが400円のとき，方程式をつくると，[$1000-(3x+120)=400$]となる。 (3)

□(4) (3)でつくった方程式を解くと，$x=$[160]となる。この解は問題にあっているので，パン1個の値段は[160]円である。 (4)

❷ 比例式の利用

▶ 教 p.106 Step 2 ❽

□(5) 縦と横の長さの比が4：5の長方形の土地がある。この土地の横の長さが80mのとき，縦の長さを求めなさい。
縦の長さを x m とすると，$x:80=4:5$ より，$x=$[64] (5)

□(6) 田中さんは680円，木村さんは580円持っている。2人が同じ本を買ったところ，田中さんと木村さんの残金の比が2：1になった。本の代金を求めなさい。 (6)

・本の代金を x 円とすると，田中さんの残金は[$680-x$](円)，木村さんの残金は[$580-x$](円)と表される。

・田中さんと木村さんの残金の比は2：1だから，比例式をつくると，[$(680-x):(580-x)=2:1$]となる。

・方程式を解くと，$x=$[480]となる。この解は問題にあっているので，本の代金は[480]円である。

教科書のまとめ ＿＿に入るものを答えよう！

□ 方程式を使って問題を解く手順

①問題の中の数量に着目して，数量の関係を見つける。

➡ 等しい関係 にある2つの数量を見つける。

②まだわかっていない数量のうち，適当なものを文字で表して，方程式をつくって解く。

➡何を x としたのかをはっきりさせておく。

③方程式の解が，問題にあっているかどうか を調べて，答えを書く。

➡方程式の解が問題にあっていない場合があるので，その問題にあっているかどうかを調べる必要がある。

Step 2 予想問題　2節 方程式の利用

【代金の問題】

よく出る

❶ 1個180円のなしと1個140円のかきをあわせて15個買うと，代金の合計は2220円になりました。
なしの個数を x 個とするとき，次の問いに答えなさい。

□(1) x についての方程式をつくりなさい。

(　　　　　　　　)

□(2) なしとかきを，それぞれ何個ずつ買ったか求めなさい。

なし(　　　　　)，かき(　　　　　)

【過不足の問題①】

❷ 何人かの生徒で，鉛筆(えんぴつ)を同じ数ずつ分けます。3本ずつ分けると9本余り，5本ずつ分けると5本たりません。
生徒の人数を x 人とするとき，次の問いに答えなさい。

□(1) 3本ずつ分けるときと，5本ずつ分けるときの，鉛筆の本数をそれぞれ x の式で表しなさい。

3本(　　　　　)，5本(　　　　　)

□(2) x についての方程式をつくりなさい。

(　　　　　　　　)

□(3) 生徒の人数を求めなさい。

(　　　　　)

【速さ・時間・道のりの問題①】

❸ 家から学校まで，時速4km で歩いて行くと，時速20km の自転車で行くよりも18分多くかかります。
家から学校までの道のりを x km とするとき，次の問いに答えなさい。

□(1) 歩いて行くときと，自転車で行くときの，学校まで行くのにかかる時間をそれぞれ x の式で表しなさい。

歩き(　　　　　)，自転車(　　　　　)

□(2) x についての方程式をつくりなさい。

(　　　　　　　　)

□(3) 家から学校までの道のりを求めなさい。

(　　　　　)

ヒント

❶
なしの個数が x 個なので，かきの個数は，$(15-x)$ 個と表すことができます。方程式の解が，問題にあっているかどうかを調べて，答えを書きましょう。

❷
鉛筆の本数と生徒の人数の関係は，次の図のようになります。

鉛筆の本数
3本×(人数)　余り

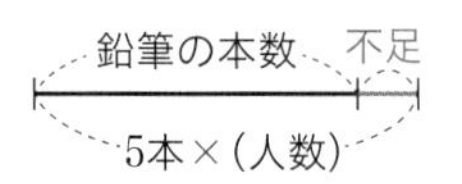

❸
$(時間)=\frac{(道のり)}{(速さ)}$
で表すことができます。

ミスに注意
方程式に表すときには単位をそろえることに注意しましょう。
18分を時間の単位で表すと，
18分 $=\frac{18}{60}$ 時間

[解答▶p.14]

【過不足の問題②】

よく出る

4 ドーナツを箱につめました。6個ずつつめると8個はいらず，7個ずつつめると3個だけの箱が1箱できました。

□(1) 箱の数を x 箱として，方程式をつくりなさい。

(　　　　　　　　)

□(2) 箱の数とドーナツの個数を求めなさい。

箱(　　　　　)，ドーナツ(　　　　　)

【年齢の問題】

5 □ 現在，父は43歳(さい)，健太さんは13歳です。父の年齢(ねんれい)が健太さんの年齢の4倍になるのは何年後，または何年前ですか。

(　　　　　　　　)

【速さ・時間・道のりの問題②】

よく出る

6 □ 車でA市からB市を通って，A市から100km離れたC市へ行きました。A市からB市までは時速40km，B市からC市までは時速30kmの速さで進んだので，3時間かかりました。

A市からB市までの道のりを求めなさい。

(　　　　　　　　)

【速さ・時間・道のりの問題③】

点UP

7 姉が家を出発してから5分後に，妹が同じ道を走って追いかけました。姉は分速80m，妹は分速130mで進むものとします。

□(1) 妹が家を出発してから x 分後に姉に追いつくとして，方程式をつくりなさい。

(　　　　　　　　)

□(2) 妹は家を出発してから何分後に姉に追いつくか求めなさい。

(　　　　　　　　)

【比例式の利用】

8 □ いちごジャムをつくるのに，いちご75gに対して砂糖20gの割合で混ぜようと思います。いちごを360g使うとしたら，砂糖を何g混ぜればよいか求めなさい。

(　　　　　　　　)

ヒント

4
(1)箱の数が x 箱なので，7個はいった箱の数は，$(x-1)$ 箱と表すことができます。

5
方程式の解が表す意味を考え，問題にあった答えを導きます。

6
かかった時間に注目して，方程式をつくります。

7
(1)「追いつく」というのは2人の進んだ道のりが等しいということです。

8
(いちごの重さ):(砂糖の重さ)
で比例式をつくります。

3章

Step 3 予想テスト 3章 方程式

30分

/100点

目標 80点

1 次の方程式を解きなさい。知 48点(各4点)

□(1) $x+\frac{1}{2}=1$

□(2) $\frac{3}{5}x=-6$

□(3) $4x+3=27$

□(4) $-5x-56=2x$

□(5) $6x-3=8x+5$

□(6) $-8+4x=13x-8$

□(7) $3(x-1)=5(3-x)$

□(8) $2(x-2)-3(x+4)=3$

□(9) $\frac{1}{2}x+3=\frac{3}{5}x-2$

□(10) $\frac{5-3x}{6}=\frac{2x-1}{3}$

□(11) $0.8x-3.4=1.1x-1$

□(12) $0.09(x+10)=0.1x$

2 次の比例式を解きなさい。知 8点(各4点)

□(1) $4:7=x:28$

□(2) $x:(x-3)=5:4$

3 方程式 $9x+□=1+7x$ の解が -3 であるとき，□にあてはまる数を求めなさい。知 4点

□

4 姉は1170円，妹は550円持っています。母の誕生日に2人で同じ金額ずつ出しあってプレゼントを買いました。プレゼントを買ったあとの姉の所持金は，妹の所持金の3倍になりました。2人が出しあった金額を求めなさい。知 考 5点

□

5 コーヒーが120mL，牛乳が30mLあります。このコーヒーと牛乳を，それぞれ同じ量ずつ増やして混ぜあわせ，コーヒーと牛乳の量の比が5：2となるコーヒー牛乳をつくります。コーヒーと牛乳を，それぞれ何mLずつ増やせばよいか求めなさい。知 考 5点

□

点UP

6 兄は午前10時に分速 80 m で歩いて家を出発しました。兄の忘れ物に気づいた弟が，午前10時15分に家を出発し，自転車に乗り分速 320 m で同じ道を追いかけました。弟が午前10時 x 分に兄に追いつくとして，次の問いに答えなさい。知 考

10点(各5点)

□(1) x についての方程式をつくりなさい。

□(2) 弟が兄に追いつく時刻を求めなさい。

7 クラス会の費用を集めるのに，1人500円ずつ集めると4000円不足し，1人700円ずつ集めると2400円余ります。このクラスの生徒の人数とクラス会の費用を求めなさい。知 考

□

10点(完答)

点UP

8 かりんさんは1個80円の菓子(かし)Aと1個120円の菓子Bをあわせて15個買うつもりでしたが，2種類の菓子の個数をとり違(ちが)えて買ったため，予定よりも代金が120円高くなってしまいました。最初に買う予定であったそれぞれの菓子の個数を求めなさい。知 考

□

10点(完答)

1	(1)	(2)	(3)	(4)
	(5)	(6)	(7)	(8)
	(9)	(10)	(11)	(12)
2	(1)	(2)		
3				
4				
5				
6	(1)	(2)		
7	人数	費用		
8	Aの個数	Bの個数		

[解答▶p.15-16]

1 ／48点 2 ／8点 3 ／4点 4 ／5点 5 ／5点 6 ／10点 7 ／10点 8 ／10点

Step 1 基本チェック 1節 関数／2節 比例

15分

教科書のたしかめ [ ]に入るものを答えよう！

1節 ❶ 関数 ▶ 教 p.114-116 Step 2 ❶❷

解答欄

□(1) x の変域(へんいき)が，-3 以上 2 未満であることを，不等号を使って表すと，[$-3 \leqq x < 2$]となる。

(1)

□(2) 「縦 $x$cm，横 12cm の長方形の面積が $y$cm^2 である。」このとき，y は x の関数(かんすう)であると[いえる]。

(2)

2節 ❶ 比例の式 ▶ 教 p.118-121 Step 2 ❸-❻

□(3) 1本 30 円の鉛筆(えんぴつ)を x 本買うときの代金を y 円とする。この x と y の関係を式に表すと[$y=30x$]で，比例定数(ひれいていすう)は[30]である。

(3)

□(4) y は x に比例し，$x=3$ のとき $y=12$ である。この x と y の関係を式に表すと[$y=4x$]である。
また，$x=5$ のときの y の値は，$y=$[20]である。

(4)

2節 ❷ 座標 ▶ 教 p.122-123 Step 2 ❼❽

□(5) 右の図で，横の数直線㋐を[x 軸]，縦の数直線㋑を[y 軸]，㋐と㋑をあわせて[座標軸]といい，㋒の点 O を[原点]という。また，点 P の座標は，([-4]，3) と表す。

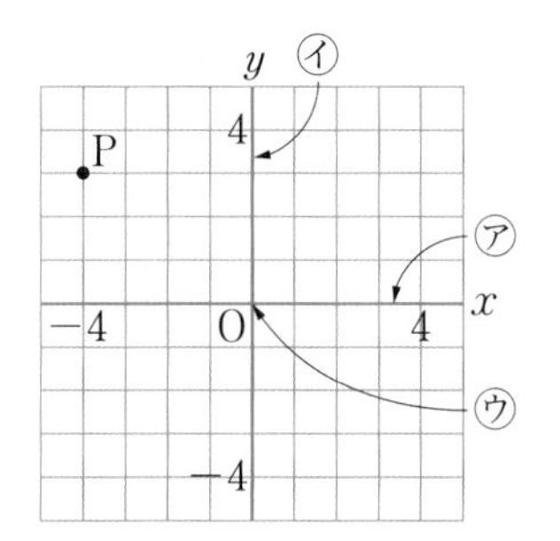

(5)

2節 ❸ 比例のグラフ ▶ 教 p.124-127 Step 2 ❾-⓫

□(6) $y=3x$ のグラフは，原点(げんてん)と点 (1，[3]) を通る[右上がり]の直線である。

(6)

教科書のまとめ ___ に入るものを答えよう！

□ いろいろな値をとる文字を 変数 という。

□ ともなって変わる 2 つの変数 x，y があって，x の値を決めると，それに対応して y の値がただ 1 つに決まるとき，y は x の関数である という。

□ 変数のとる値の範囲(はんい)を，その変数の 変域 といい，不等号を使って表す。

□ y が x の関数で，その間の関係が，$y=ax$ (a は定数) で表されるとき，y は x に 比例 するといい，定数 a を 比例定数 という。

□ 比例の関係 $y=ax$ のグラフは，a $>$ 0 のとき，原点を通る右上がりの直線に，a $<$ 0 のとき，原点を通る右下がりの直線になる。

Step 2 予想問題　1節 関数／2節 比例

1ページ 30分

【関数①】

1 次の㋐～㋓のうち，y が x の関数であるものをすべて選びなさい。

□
㋐　縦の長さが $x$cm，横の長さが 4cm の長方形の面積 $y$cm^2
㋑　年齢が x 歳の人の身長 $y$cm
㋒　時速 6km で，x 時間歩いたときに進む道のり $y$km
㋓　全校生徒が 450 人の学校で，男子の人数が x 人であるときの女子の人数 y 人

（　　　　　　）

【関数②(変域)】

2 x の変域が，次の各場合であることを，不等号を使って表しなさい。

□(1)　2 より小さい

（　　　　　　）

□(2)　-4 より大きく -1 以下

（　　　　　　）

□(3)　0 以上 7 未満

（　　　　　　）

【比例の式①(比例定数)】

3 次の x と y の関係を式に表し，y が x に比例するものには○，比例しないものには×を書きなさい。また，比例するものについては，その比例定数も書きなさい。

□(1)　1 個 200 円のケーキ x 個の代金 y 円

（　　　　　　）

□(2)　1 本 80 円の鉛筆(えんぴつ)を x 本買い，500 円払ったときのおつり y 円

（　　　　　　）

□(3)　底辺が $x$cm，高さが 25cm の平行四辺形の面積 $y$cm^2

（　　　　　　）

ヒント

1
x の値を決めると，y の値がただ 1 つに決まるかどうかを考えます。
㋐縦の長さが決まれば面積は決まります。
㋒時間が決まれば道のりは決まります。
㋓男子の人数が決まれば女子の人数は決まります。

2
不等号は，
「以上」，「以下」
➡ ≧，≦
「より大きい」，「より小さい・未満」
➡ $>$，$<$
を使います。

3
(1)(代金)
＝(単価)×(個数)
(2)(おつり)
＝(出した金額)
－(代金の合計)
(3)(平行四辺形の面積)
＝(底辺)×(高さ)

4章

【比例の式②(変数が負の値をとるとき)】

よく出る

4 次の表は，y が x に比例するとき，対応する x と y の値を求めたものです。この表の㋐，㋑にあてはまる数を求めなさい。

x	…	−12	…	㋑	…	4	…
y	…	㋐	…	0	…	−8	…

㋐(　　　)
㋑(　　　)

【比例の式③(比例の式を求める①)】

点UP

5 直方体の形をした深さ120cmの空の水そうに，1分間に5cmずつ水位が増加するように水を入れています。現在の水位は40cmです。次の問いに答えなさい。

□(1) 現在の水位を基準0cm，x 分後の水位を $y$cmとするとき，次の表の㋐～㋓にあてはまる数を書きなさい。

x(分)	−7	…	−1	0	1	2	…	15
y(cm)	㋐(　　)	…	㋑(　　)	0	5	㋒(　　)	…	㋓(　　)

□(2) y を x の式で表しなさい。(　　　)

□(3) x の変域を不等号を使って表しなさい。(　　　)

【比例の式④(比例の式を求める②)】

点UP

6 次の x と y の関係を式に表しなさい。

□(1) y は x に比例し，$x=4$ のとき $y=12$ である。

(　　　)

□(2) y は x に比例し，$x=-7$ のとき $y=28$ である。

(　　　)

□(3) y は x に比例し，$x=-5$ のとき $y=-40$ である。

(　　　)

【座標①(点の座標①)】

7 座標が次のような点を，右の図にかき入れなさい。

A(4, 5)　　B(3, −4)
C(−2, 4)　　D(0, −3)
E(−3, −3)　　F(−5, 0)

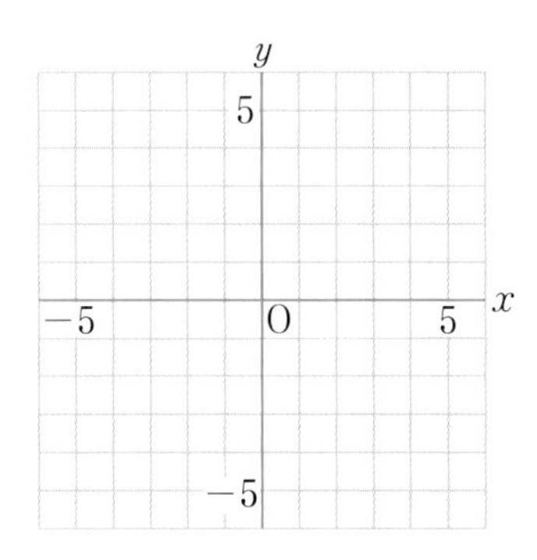

ヒント

4
x と y の値が1組わかれば式が求められます。求めた式に $x=-12$ を代入して，y の値を求めます。

5
(1) −で表された時間は，「今から…前」を表しています。水位は負の符号を使って表します。
(2)(1)の表から，x の値の変化に対して，y の値がどのように変化しているかなどを考えます。

6
$y=ax$ に x と y の値を代入して，a の値を求めます。

7
x 座標が0の点
➡ y 軸上にある点
y 座標が0の点
➡ x 軸上にある点

[解答▶p.17-18]

【座標②(点の座標②)】

8 右の図の点 G, H, I, J, K, L の座標を答えなさい。

G（　　,　　）　H（　　,　　）
I（　　,　　）　J（　　,　　）
K（　　,　　）　L（　　,　　）

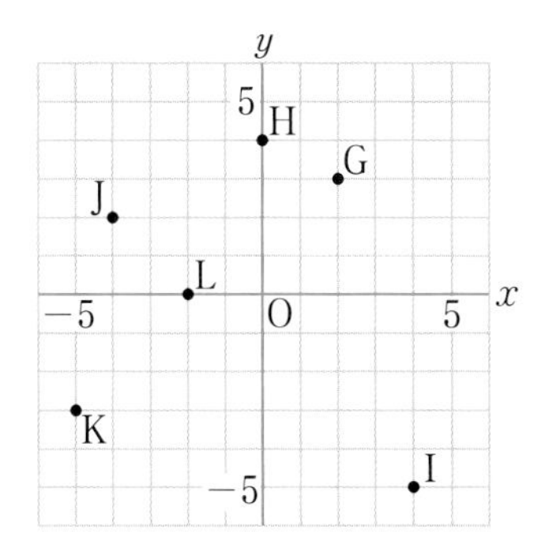

ヒント

8 例えば，下の図の点 P の座標は，(5, 6) です。

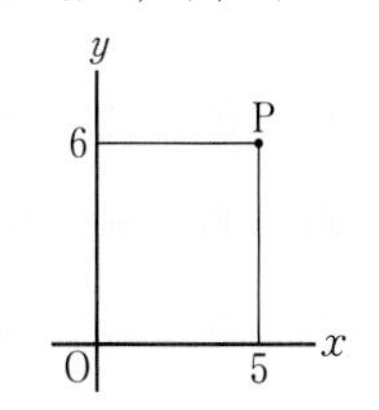

【比例のグラフ①(座標と比例のグラフ)】

9 右の比例のグラフについて，次の問いに答えなさい。

(1) 比例定数は正の数，負の数のどちらですか。

（　　　）

(2) このグラフが点 A を通ることを利用して比例定数を求め，y を x の式で表しなさい。

（　　　）

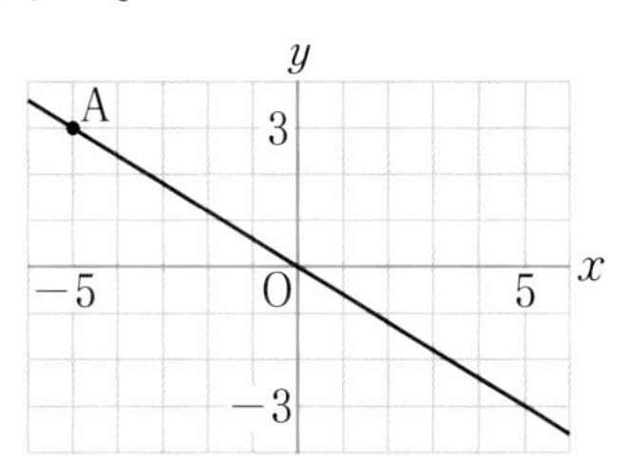

9 (2)点 A の座標は，(−5, 3)

【比例のグラフ②(比例のグラフをかく)】

10 次の(1)〜(4)のグラフをかきなさい。

(1) $y=x$

(2) $y=-4x$

(3) $y=-\frac{3}{5}x$

(4) $y=1.5x$

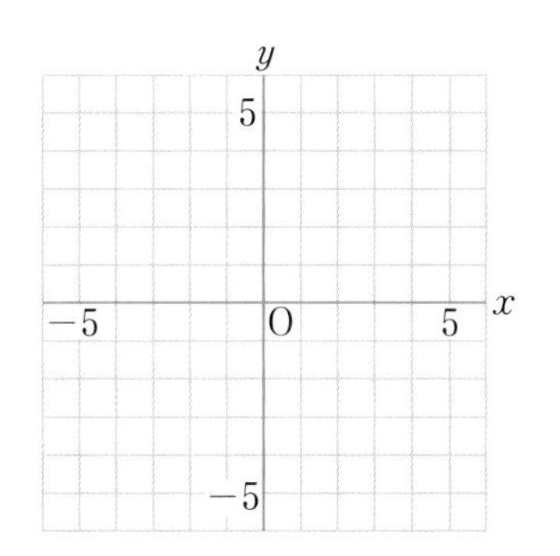

10 比例のグラフは原点を通る直線になります。

ミスに注意

$y=ax$ のグラフは，
$a>0$ のとき
原点を通る右上がりの直線
$a<0$ のとき
原点を通る右下がりの直線

【比例のグラフ③(比例のグラフをよむ)】

11 右の㋐〜㋓のグラフについて，次の問いに答えなさい。

(1) 点 (−4, 2) を通るグラフはどれですか。

（　　　）

(2) $y=3x$ のグラフはどれですか。

（　　　）

(3) ㋑のグラフの式を求めなさい。

（　　　）

(4) ㋓のグラフの式を求めなさい。

（　　　）

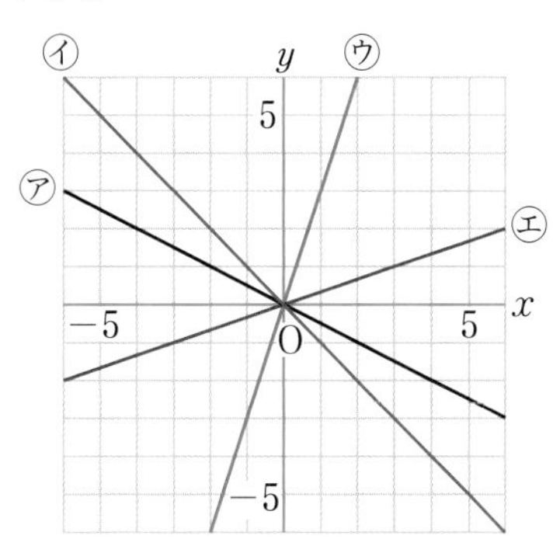

11 (3)(4)グラフ上で，x 座標も y 座標も整数である点を探し，その座標を $y=ax$ に代入して，a の値を求めます。

Step 1 基本チェック　3節 反比例　4節 比例，反比例の利用

15分

教科書のたしかめ　[ ]に入るものを答えよう！

3節 ❶ 反比例の式

▶ 教 p.129-131　Step 2 ❶-❸

解答欄

□ (1) 反比例の関係では，x の値が2倍，3倍，4倍，……になると，y の値は[$\frac{1}{2}$]倍，[$\frac{1}{3}$]倍，[$\frac{1}{4}$]倍，……になる。　(1)

□ (2) y は x に反比例し，$x=2$ のとき $y=6$ です。x と y の関係を式に表すと[$y=\frac{12}{x}$]である。　(2)

また，$x=3$ のときの y の値は，$y=$[4]である。

3節 ❷ 反比例のグラフ

▶ 教 p.132-136　Step 2 ❹❺

□ (3) $y=\frac{15}{x}$ のグラフは，点 (3, [5]) を通る[双曲線]である。　(3)

□ (4) 関数 $y=\frac{a}{x}$ で，x の値が増加するとき，y の値も増加するのは，a[$<$]0 のときである。　(4)

4節 ❶ 比例，反比例の利用

▶ 教 p.138-140　Step 2 ❻-⓫

□ (5) 色紙260枚の厚さをはかると，20mmだった。色紙の厚さが $x$mm のとき，枚数は y 枚であるとすると，y は x に[比例]するので，x と y の関係を式に表すと $y=$[$13x$]と表される。　(5)

□ (6) 面積が 36m^2 の長方形の花だんをつくる。この花だんの縦の長さを xm，横の長さを ym とすると，y は x に[反比例]するので，x と y の関係を式に表すと[$y=\frac{36}{x}$]と表される。　(6)

教科書のまとめ　＿＿に入るものを答えよう！

□ y が x の関数で，その間の関係が，$y=\frac{a}{x}$ (a は定数) で表されるとき，y は x に 反比例 するといい，定数 a を 比例定数 という。

□ 反比例の関係 $y=\frac{a}{x}$ のグラフは右の図のような曲線で 双曲線 という。対応する x と y の値の組を座標とする点をとったあと，なめらかな曲線で結んでかく。

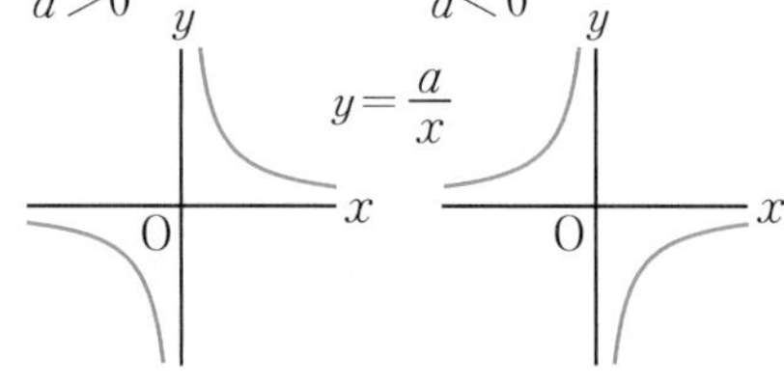

□ 比例 や 反比例 の関係を利用して，身のまわりの問題を解くことができる。

□ 身のまわりでみられる比例や反比例のことがらの例としては，針金の重さは，長さに 比例 し，左右がつり合ったてんびんでは，おもりの重さと支点からの距離(きょり)は， 反比例 する。

Step 2 予想問題　3節 反比例　4節 比例，反比例の利用

1ページ 30分

【反比例の式①(比例定数)】

1 次の x と y の関係を式に表し，y が x に反比例するものには○，反比例しないものには×を書きなさい。また，反比例するものについては，その比例定数も書きなさい。

- □(1) 面積が 24cm^2 の三角形の底辺 $x$cm と高さ $y$cm
- □(2) 500mL のお茶を，xmL 飲んだときの残りの量 ymL
- □(3) 10km の道のりを，時速 $x$km で進むときにかかる時間 y 時間

【反比例の式②(反比例の関係を式に表す①)】

2 次の x と y の関係を式に表しなさい。

- □(1) y は x に反比例し，$x=-3$ のとき $y=-3$ である。
- □(2) y は x に反比例し，$x=1.5$ のとき $y=4$ である。
- □(3) y は x に反比例し，$x=-6$ のとき $y=\dfrac{5}{6}$ である。

【反比例の式③(反比例の関係を式に表す②)】

3 y は x に反比例し，$x=4$ のとき $y=-12$ です。

- □(1) x と y の関係を式に表しなさい。
- □(2) $x=-8$ のときの y の値を求めなさい。

【反比例のグラフ①(反比例のグラフをかく)】

4 次の(1)，(2)のグラフをかきなさい。

- □(1) $y=\dfrac{12}{x}$
- □(2) $xy=-8$

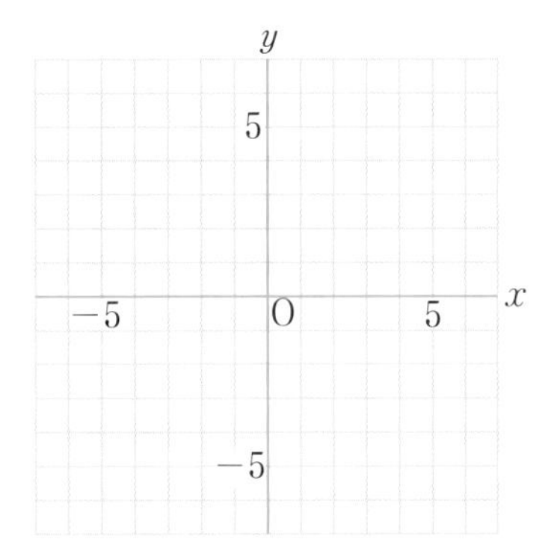

ヒント

1
(1) (三角形の面積)＝(底辺)×(高さ)÷2
(2) (残りの量)＝(もとの量)−(飲んだ量)
(3) (時間)＝$\dfrac{(\text{道のり})}{(\text{速さ})}$

2
$y=\dfrac{a}{x}$ に x と y の値を代入して，a の値を求めます。

3
(2)(1)の式に $x=-8$ を代入して，y の値を求めます。

4
対応する x と y の値の組を座標とする点をとったあと，なめらかな曲線で結びます。

4章

【反比例のグラフ②(反比例のグラフをよむ)】

よく出る

5 右の双曲線について，次の問いに答えなさい。

□(1) ①のグラフの比例定数を求めなさい。

（　　　　）

□(2) ②のグラフの式を求めなさい。

（　　　　）

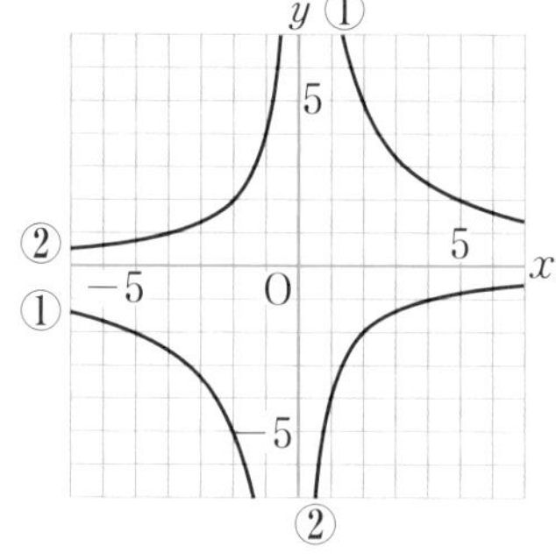

【比例，反比例の利用①】

点UP

6 右のグラフは，2つの変数 x，y について，①は y が x に比例する関係，②は y が x に反比例する関係を，それぞれ示したものです。点P，Qは，ともにグラフ①と②の交点で，点Rはグラフ②の上にある点です。また，点Pの座標は(5，3)です。このとき，次の問いに答えなさい。

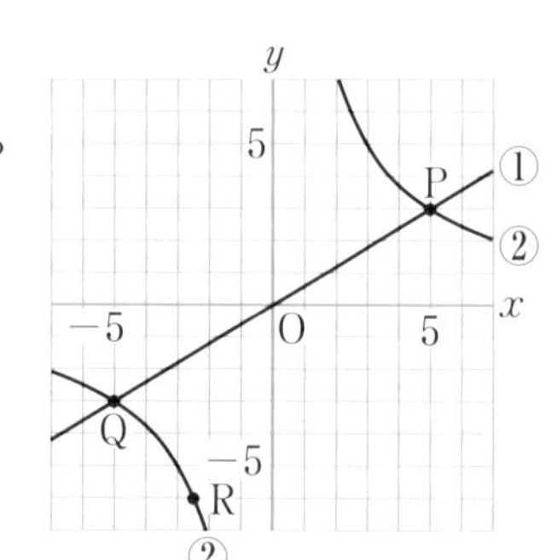

□(1) グラフ①と②の式を求めなさい。

①（　　　　）

②（　　　　）

□(2) 点Qの座標を求めなさい。（　　　　）

□(3) 点Rの座標を $(m,\ -6)$ と表すとき，m の値を求めなさい。

（　　　　）

□(4) x の変域が $2 \leqq x \leqq 5$ であるとき，①の y の変域を求めなさい。

（　　　　）

【比例，反比例の利用②(変域のあるグラフをかく)】

点UP

7 A地点から9km離(はな)れたB地点まで，毎時3kmの速さで歩きます。歩く時間を x 時間，その間に進む道のりを y kmとして，次の問いに答えなさい。

□(1) x と y の関係を式に表しなさい。

（　　　　）

□(2) x の変域を求めなさい。

（　　　　）

□(3) x と y の関係をグラフに表しなさい。

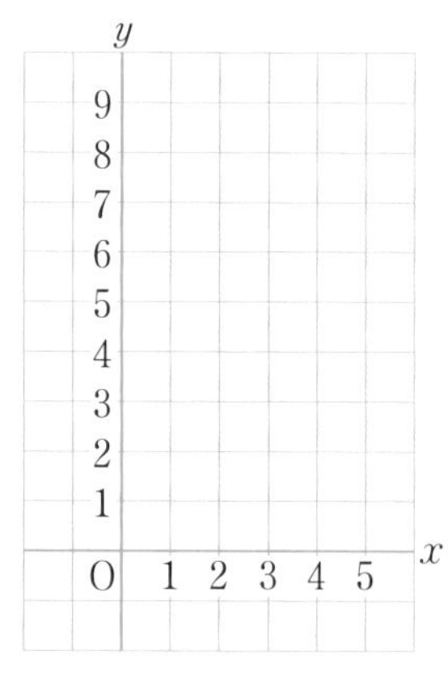

ヒント

5

グラフ上で，x 座標も y 座標も整数である点を探し，その座標を $y=\dfrac{a}{x}$ に代入して，a の値を求めます。

テスト得ダネ

x 座標，y 座標がわかる点の座標を利用します。

6

(1)点Pの座標を利用します。

(3)(1)で求めた②の式に $y=-6$ を代入します。

(4)①の式に $x=2$，5を代入し，y の値を求めます。

7

(3)変域の部分を，実線で表します。

ミスに注意

x の変域に注意しましょう。歩く時間 x はどのような範囲の値をとるかを考えましょう。

[解答▶p.19-20]

【比例，反比例の利用③（比例の利用①）】

8 ある金物屋さんでは，針金をお客さんに売るときに，まっすぐにのばして長さをはかることなく，巻いて輪になったままで，長さを調べているそうです。店の人はどのようにして長さを調べているのか，説明しなさい。

（　　　　　　　　　　）

ヒント

8
針金の長さと重さはどのような関係にあるかを考えます。

テスト得ダネ
考え方を説明する問題が出題されることもあります。

【比例，反比例の利用④（比例の利用②）】

9 直方体の形をした，からの水そうに，毎分一定の割合で水を入れていくと，水を入れはじめてから3分後の水の深さは5cmになりました。次の問いに答えなさい。

□(1)　水を入れはじめてからx分後の水の深さは$y$cmであるとして，xとyの関係を式に表しなさい。

（　　　　　）

□(2)　水を入れはじめてから10分後の水の深さは何cmですか。

（　　　　　）

9
(1)水の深さは時間に比例します。

4章

【比例，反比例の利用⑤（比例の利用③）】

10 右の図の長方形ABCDで，点Pは，Bから出発して辺BC上をCまで進むものとし，Bから$x$cm進んだときの三角形ABPの面積を$y$cm^{2}とします。

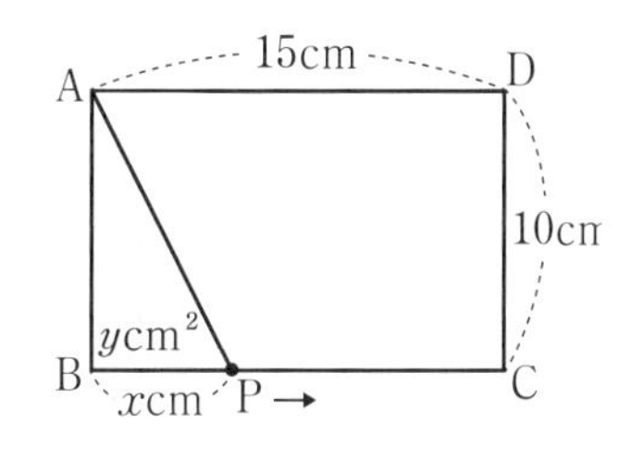

□(1)　xとyの関係を式に表しなさい。

（　　　　　）

□(2)　xの変域を求めなさい。

（　　　　　）

10
(1)（三角形の面積）＝（底辺）×（高さ）÷2
(2)点Pは，BからCまで進むことから考えます。

【比例，反比例の利用⑥（反比例の利用）】

11 600枚のはがきに切手をはります。x人ではるとき，1人あたりのはる枚数がy枚であるとして，次の問いに答えなさい。

□(1)　xとyの関係を式に表しなさい。また，5人で切手をはるとき，1人あたりのはる枚数を求めなさい。

式（　　　　　），枚数（　　　　　）

□(2)　1人あたりのはる枚数が，5人のときの$\frac{1}{3}$になるようにするには，何人で切手をはればよいですか。

（　　　　　）

11
人数と1人あたりのはる枚数はどのような関係かを考えます。

Step 3 予想テスト　4章 変化と対応

30分　／100点　目標 80点

1 x の変域が，次の各場合であることを，不等号を使って表しなさい。知

□(1)　-4 以下　　□(2)　-1 以上 5 未満　　□(3)　3 より大きい

2 次の㋐〜㋓のうち，y が x に比例するもの，反比例するものはどれですか。知

□

㋐　90cm のテープを，$x$cm 使ったときの残りの長さ $y$cm

㋑　面積が 18cm^2 の長方形の縦の長さ $x$cm と横の長さ $y$cm

㋒　姉の年齢(ねんれい)が x 歳(さい)のときの妹の年齢 y 歳

㋓　分速 xm で，15 分歩いたときに進む道のり ym

3 右の㋐〜㋓で表される関数のうち，次の(1)〜(3)のそれぞれにあてはまるものをすべて選びなさい。知

㋐　$y=-5x$　　㋑　$y=\frac{1}{5}x$

㋒　$y=\frac{5}{x}$　　㋓　$y=-\frac{5}{x}$

□(1)　グラフが，原点を通る右下がりの直線である。

□(2)　グラフが，双曲線である。

□(3)　グラフが，点 $(5,\ -1)$ を通る。

4 次の問いに答えなさい。知

□(1)　右の図の点 A，B の座標を答えなさい。

□(2)　右の㋐，㋑のグラフの式を求めなさい。

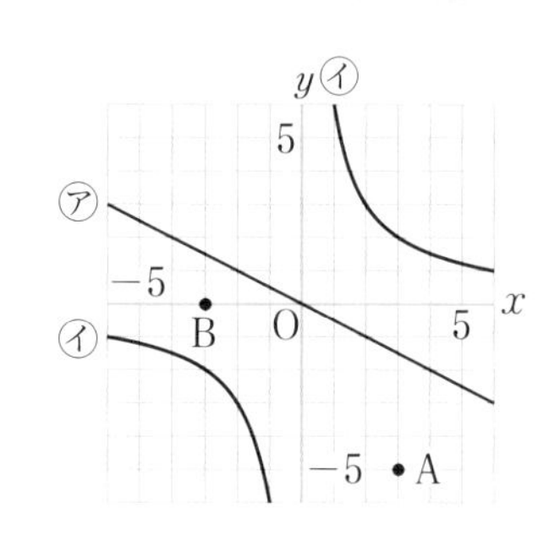

5 次の関数のグラフを解答欄(らん)の図にかきなさい。知

得点UP

□(1)　$y=3x$　　□(2)　$y=-\frac{5}{2}x$

□(3)　$y=-\frac{6}{x}$　　□(4)　$xy=12$

❻ 次の問いに答えなさい。知　15点(各5点)

□(1) y は x に比例し，$x=3$ のとき $y=30$ です。x と y の関係を式に表しなさい。

□(2) y は x に反比例し，$x=3$ のとき $y=-6$ です。x と y の関係を式に表しなさい。

□(3) y は x に反比例し，$x=-2$ のとき $y=8$ です。$x=4$ のときの y の値を求めなさい。

❼ 右の図の四角形ABCDは，縦が4cm，横が10cmの長方形です。点P，Qはそれぞれ頂点A，Bから同時に出発して，辺AD，BC上を頂点D，Cまで同じ速さで進むものとし，点PがAから x cm進んだときの四角形ABQPの面積を $y\,\text{cm}^2$ とします。次の問いに答えなさい。考　15点(各5点)

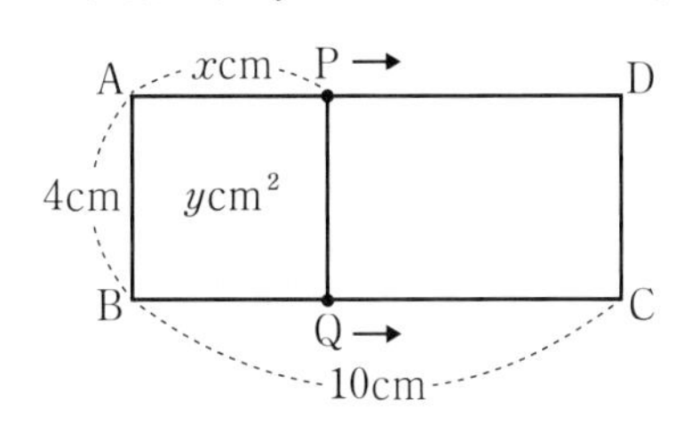

□(1) x と y の関係を式に表しなさい。

□(2) $x=8$ のときの y の値を求めなさい。

□(3) y の変域を求めなさい。

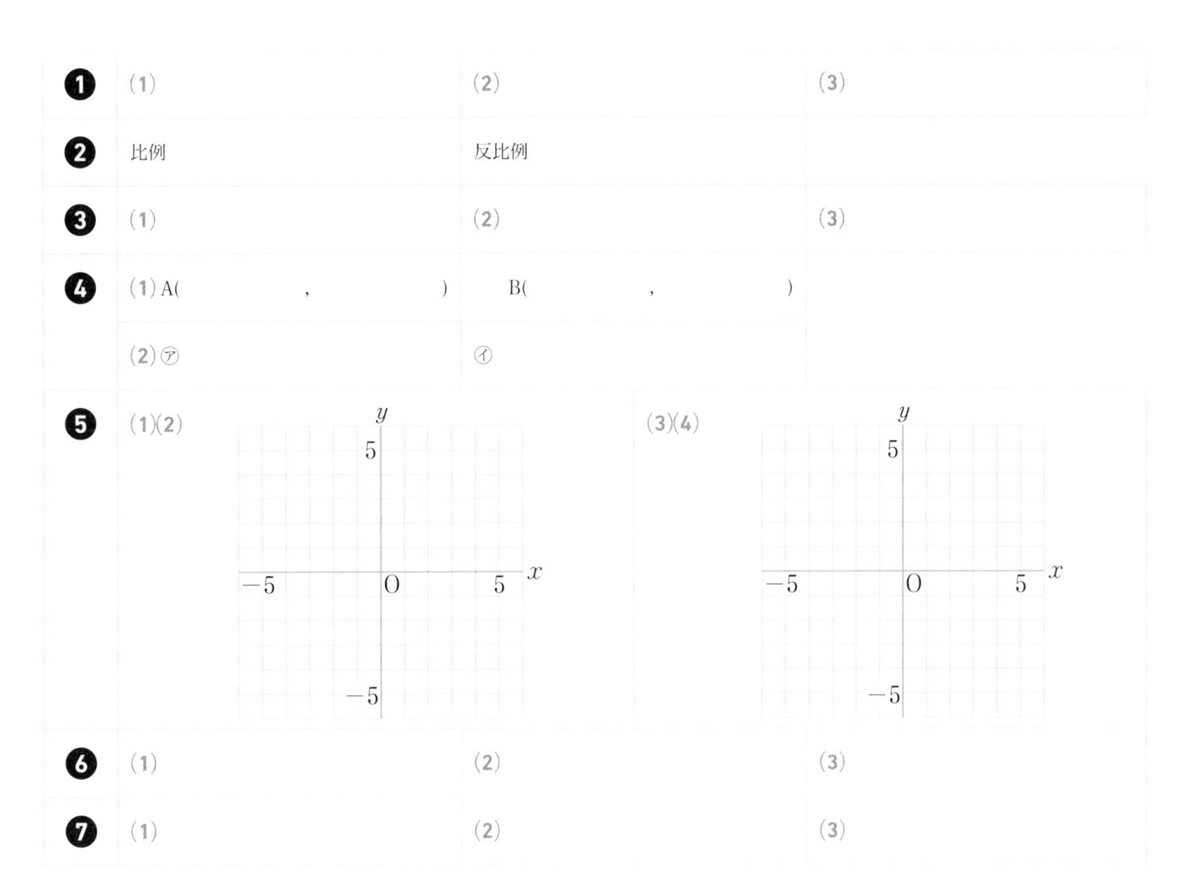

❶	(1)	(2)	(3)
❷	比例	反比例	
❸	(1)	(2)	(3)
❹	(1) A(,)	B(,)	
	(2)㋐	㋑	
❺	(1)(2)	(3)(4)	
❻	(1)	(2)	(3)
❼	(1)	(2)	(3)

Step 1 基本チェック　1節 直線と図形／2節 移動と作図①

15分

教科書のたしかめ　[　]に入るものを答えよう！

1節 ❶ 直線と図形　▶ 教 p.148-152　Step 2 ❶❷

解答欄

□(1) 2点A，Bを結ぶ線分(せんぶん)ABの長さを，2点A，B間(かん)の[距離]という。

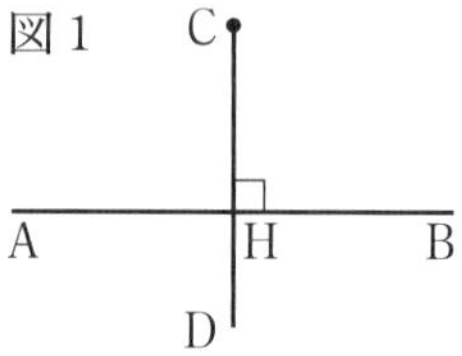

□(2) 図1のようにAB⊥CDで，交点をHとするとき，線分CHの長さを，点Cと直線ABとの[距離]という。

図1

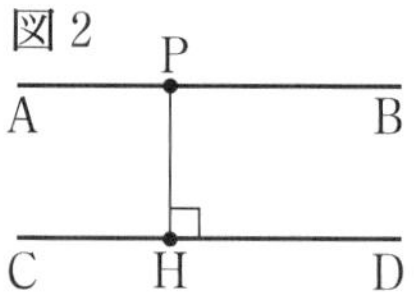

□(3) 図2のようにAB∥CDで，PH⊥CDのとき，線分PHの長さを，平行な2直線AB，CD間の[距離]という。

図2

2節 ❶ 図形の移動　▶ 教 p.154-159　Step 2 ❸

□(4) 平面上で，図形を，一定の方向に，一定の[長さ]だけずらして移すことを[平行移動]という。

□(5) 平面上で，図形を，1つの点Oを中心として，一定の[角度]だけまわして移すことを[回転移動]という。このとき，中心とした点Oを[回転の中心]という。
特に，[180°]の回転移動を[点対称移動]という。

□(6) 図形を，1つの直線を折り目として，折り返して移すことを 対称移動 といい，折り目とした直線を 対称の軸 という。

□(7) 線分の両端からの距離が等しい線分上の点を，その線分の[中点]という。線分の[中点]を通り，その線分と垂直に交わる直線を，その線分の[垂直二等分線]という。

(1)
(2)
(3)
(4)
(5)
(6)
(7)

教科書のまとめ　＿＿に入るものを答えよう！

□まっすぐに限りなくのびている線を直線といい，直線の一部分で，両端(りょうたん)のあるものを 線分 という。また，1点を端(はし)として一方にだけのびたものを 半直線 という。

□右の図のような角を， ∠ABC と表す。

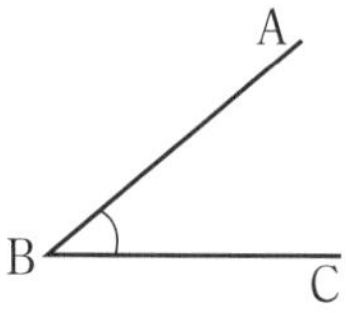

□2直線AB，CDが交わってできる角が直角であるとき，ABとCDは 垂直 であるといい，AB ⊥ CDと表す。このとき，一方を他方の 垂線 という。
また，2直線AB，CDが交わらないとき，ABとCDは 平行 であるといい，AB ∥ CDと表す。

□3点A，B，Cを頂点とする三角形を △ABC と表す。

□ある図形を，形と大きさを変えないで，ほかの位置に移すことを 移動 という。

Step 2 予想問題

1節 直線と図形／2節 移動と作図①

1ページ 30分

【直線と図形①(直線・線分・半直線)】

1 右の図のように，4点 A，B，C，D があるとき，次の図形をかきなさい。

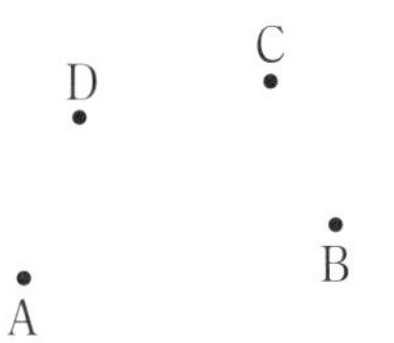

□(1) 直線 AB

□(2) 線分 AD

□(3) 半直線 DC

【直線と図形②(三角形をかく)】

2 次のような △ABC をかきなさい。

□(1) BC＝6cm，CA＝3cm，∠C＝30°

□(2) BC＝4cm，∠B＝50°，∠C＝45°

【図形の移動】

3 長方形 ABCD の対角線の交点 O を通る線分を，右の図のようにひくと，合同な8つの直角三角形ができます。次の(1)〜(4)にあてはまる三角形を答えなさい。

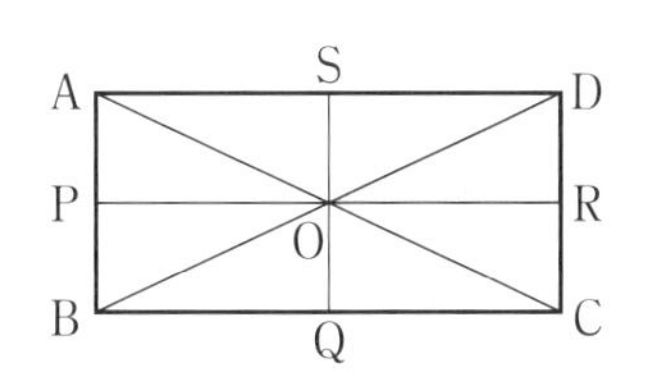

□(1) △ODR を，平行移動すると重なる三角形

□(2) △ODR を，点 O を回転の中心として回転移動すると重なる三角形

□(3) △ODR を，PR を対称の軸として対称移動すると重なる三角形

□(4) △ODR を，SQ を対称の軸として対称移動し，さらに点 O を回転の中心として回転移動すると重なる三角形

ヒント

1
(2)線分は直線の一部分で，両端があります。
(3)半直線は，1点を端として一方にだけのびています。

2
・3つの辺の長さ
・2つの辺の長さとその間の角の大きさ
・1つの辺の長さとその両端の角の大きさ
がわかっているとき，三角形をかくことができます。

3
(1)平行移動のときは，図形の向きは変わりません。
(3)対称移動の場合は，対称の軸を折り目として，折り返した図形を考えます。
(4)それぞれの移動で，どの三角形に重なるのかを順に確認します。

ミスに注意
3つの移動の違いを確実に押さえておきましょう。

[解答▶p.22]

Step 1 基本チェック

2節 移動と作図②

15分

教科書のたしかめ　[　]に入るものを答えよう！

❷ 基本の作図　▶ 教 p.160-163　Step 2 ❶-❸

解答欄

□ (1) 線分の垂直二等分線の作図の手順

① 線分の[両端]の点 A，B を，それぞれ中心として，[等しい]半径の円をかく。

② ① でかいた 2 円の[交点]を通る直線をひく。

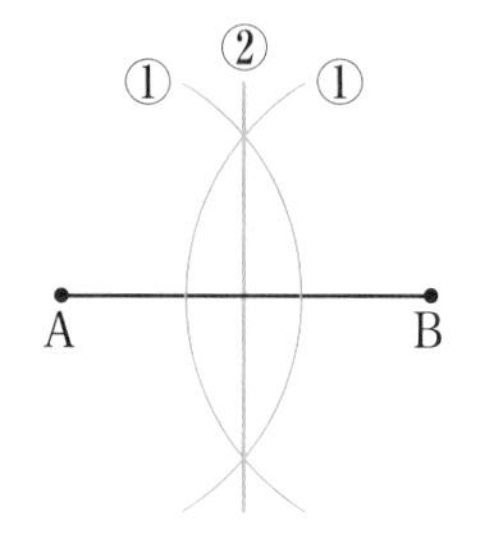

(1)

□ (2) 角の二等分線（にとうぶんせん）の作図の手順

① 頂点 O を中心として，角の 2 辺と[交点]ができるように適当な半径の円をかく。

② ① でできた 2 つの交点をそれぞれ中心として，角の内部に交点ができるように，等しい半径の[円]をかく。

③ 頂点 O から ② でできた交点を通る[半直線]をひく。

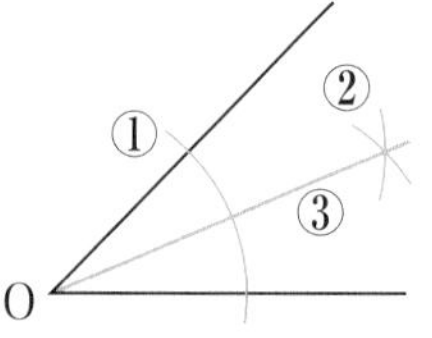

(2)

□ (3) 直線上にある点 P を通る[垂線]の作図の手順

① 点 P を中心として，適当な半径の円をかく。

② ① でかいた円と直線との 2 つの交点を結ぶ線分の[垂直二等分線]をひく。

(3)

□ (4) 直線上にない点 P を通る[垂線]の作図の手順

① 点 P を中心として，直線と[2 点]で交わるように円をかく。

② ① でできた 2 つの交点をそれぞれ中心として，等しい半径の円をかく。

③ ② でできた交点と点 P を通る直線をひく。

(4)

❸ 図形の移動と基本の作図の利用　▶ 教 p.164-165　Step 2 ❹

教科書のまとめ　[　]に入るものを答えよう！

□ 角を 2 等分する半直線を，その角の[二等分線]という。

□ 右の図で，直線 AB は線分 PQ の[垂直二等分線]で，直線 PQ は線分 AB の[垂直二等分線]である。
また，直線 AB は ∠PAQ の[二等分線]である。

□ [垂線]は 180°の角の二等分線にもなっている。

□ 直線上の 1 点を通る垂線は，180°の角の[二等分線]とみることができる。

Step 2 予想問題 2節 移動と作図②

1ページ 30分

【基本の作図①(垂直二等分線)】

❶ 右の図の △ABC で，頂点 A を辺 BC 上の点 P と重なるように折ったときの，折り目となる線分を作図しなさい。

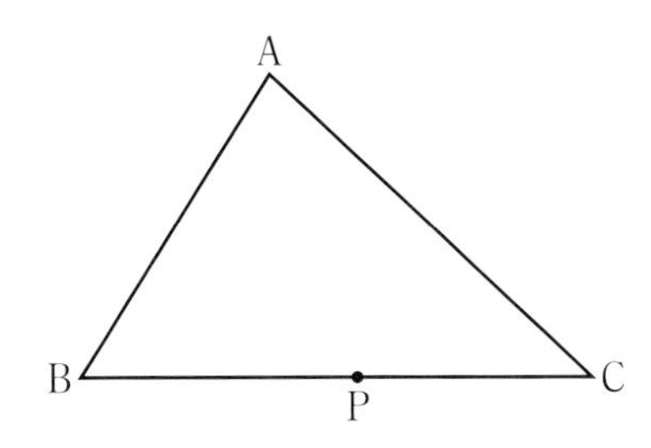

ヒント

❶ 作図の問題では，作図に使った線は消さないで残しておきましょう。折り目は重なり合う2つの点を結んだ線分の垂直二等分線になります。

【基本の作図②(垂線)】

❷ 右の図の △ABC で，次の作図をしなさい。

(1) 辺 AC 上の点 P を通る辺 AC の垂線

(2) 頂点 A から辺 BC にひいた垂線

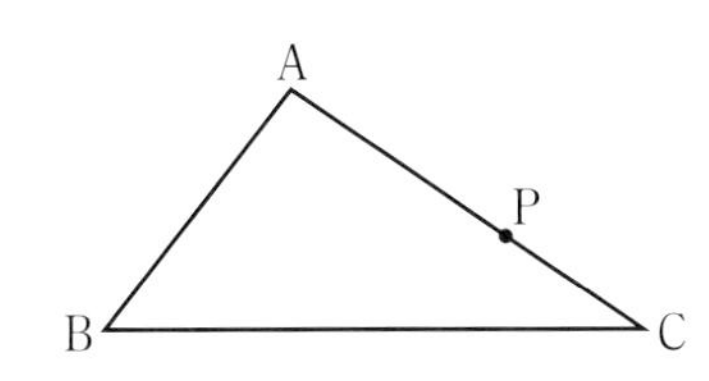

❷ 2種類ある垂線の作図のしかたの違い(ちが)を確認しましょう。

テスト得ダネ

基本の作図はよく出題されます。コンパスと定規を使って，正確に作図できるようにしましょう。

【基本の作図③(角の二等分線)】

❸ 右の図の △ABC で，∠BAC の二等分線を作図しなさい。

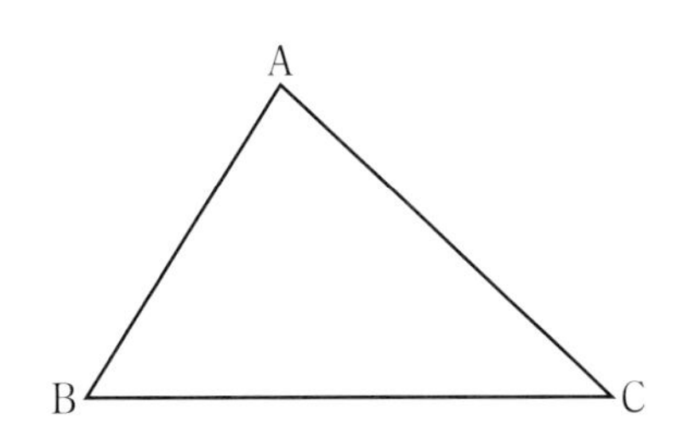

❸ AD＝AE となる辺 AB 上の点 D，辺 AC 上の点 E をとり，D，E から等しい距離にある点を作図します。

【図形の移動と基本の作図の利用】

❹ 右の図の線分 OX を利用して，∠XOY＝30°となるように，線分 OY を作図しなさい。

❹ 30°の角は60°の角の二等分線と考えて作図します。60°の角は，正三角形の作図を利用しましょう。

[解答▶p.23-24]

Step 1 基本チェック　3節 円とおうぎ形

15分

教科書のたしかめ ［ ］に入るものを答えよう！

❶ 円とおうぎ形の性質

▶ 教 p.167-169　Step 2 ❶

解答欄

□(1) 半径と中心角が等しい2つのおうぎ形は合同で，その［弧の長さ］や［面積］は，それぞれ等しい。　(1)

❷ 円とおうぎ形の計量

▶ 教 p.170-173　Step 2 ❷-❺

□(2) 半径3cmの円の周の長さは，［2π］×3＝［6π］(cm)，面積は，π×［3^2］＝［9π］(cm^2)である。　(2)

□(3) 半径12cm，中心角60°のおうぎ形の

弧(こ)の長さは，$2\pi\times$［12］$\times\dfrac{［60］}{360}$＝［4π］(cm)，　(3)

面積は，$\pi\times$［12^2］$\times\dfrac{［60］}{360}$＝［24π］(cm^2)である。

□(4) 半径8cm，中心角135°のおうぎ形の弧の長さは［6π］cm，面積は［24π］cm^2である。　(4)

□(5) 半径4cm，弧の長さ2πcmのおうぎ形の中心角の大きさは，［90°］である。　(5)

□(6) 半径6cm，面積$24\pi cm^2$のおうぎ形の中心角の大きさは，［240°］である。　(6)

教科書のまとめ ＿に入るものを答えよう！

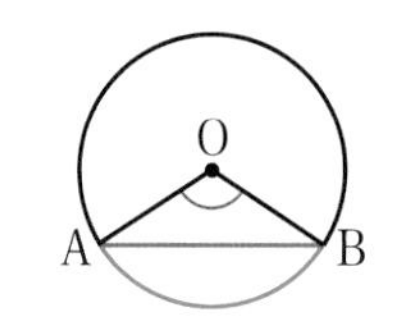

□右の図の円Oで，円周上に2点A，Bをとるとき，円周のAからBまでの部分を，弧ABといい，$\overset{\frown}{AB}$と表す。また，弧の両端の点を結んだ線分を，弦という。円の中心Oと円周上の2点A，Bを結んでできる∠AOBを，$\overset{\frown}{AB}$に対する中心角という。

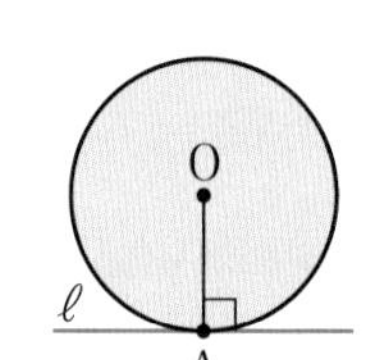

□右の図で，直線ℓは点Aで円Oに接している。
このとき，直線ℓを円Oの接線，点Aを接点という。

□円の接線は，その接点を通る半径に垂直である。

□円の2つの半径と弧で囲まれた図形を，おうぎ形という。

□**円の周の長さと面積**　半径rの円の周の長さをℓ，面積をSとすると，
$\ell=2\pi r$，$S=\pi r^2$

□**おうぎ形の弧の長さと面積**　半径r，中心角a°のおうぎ形の弧の長さをℓ，面積をSとすると，$\ell=2\pi r\times\dfrac{a}{360}$，$S=\pi r^2\times\dfrac{a}{360}$

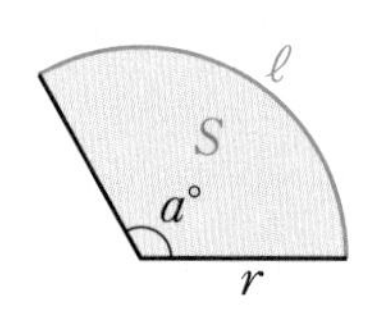

Step 2 予想問題 3節 円とおうぎ形

1ページ 30分

【円とおうぎ形の性質】

❶ 右の図は，円Oに直線 ℓ，m，n をひき，その交点を点A，Bとし，直線 n 上に点Cをとったものです。

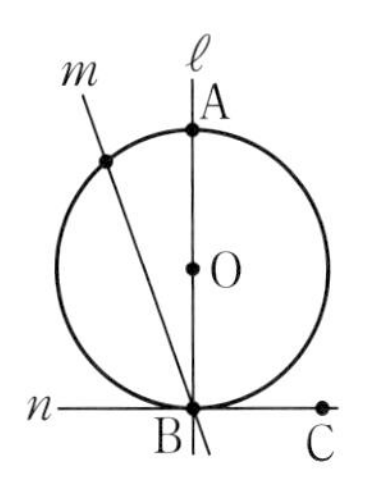

□(1) 円Oの接線はどれですか。（　　）

□(2) ∠ABCの大きさを答えなさい。（　　）

【円とおうぎ形の計量①(円の周の長さと面積)】

❷ 半径7cmの円の周の長さと面積を求めなさい。

□ 円の周の長さ（　　），面積（　　）

【円とおうぎ形の計量②(おうぎ形の弧の長さと面積)】

❸ 次の問いに答えなさい。

□(1) 半径6cm，中心角120°のおうぎ形の弧の長さを求めなさい。（　　）

□(2) 半径4cm，中心角45°のおうぎ形の面積を求めなさい。（　　）

【円とおうぎ形の計量③(おうぎ形の中心角①)】

❹ 次のおうぎ形の中心角の大きさを求めなさい。

□(1) 半径3cm，弧の長さ 5πcmのおうぎ形（　　）

□(2) 半径5cm，面積 20πcm^2 のおうぎ形（　　）

【円とおうぎ形の計量④(おうぎ形の中心角②)】

❺ 右の図で，半径12cmのおうぎ形の弧の長さが，半径8cmの円の周の長さに等しいとき，次の問いに答えなさい。

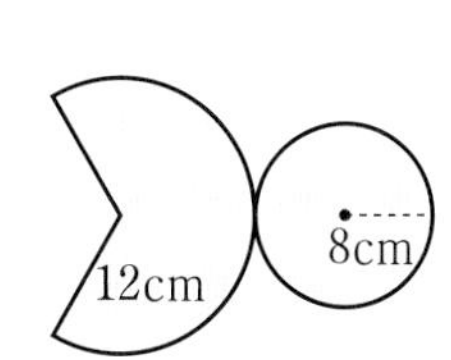

□(1) このおうぎ形の中心角の大きさを求めなさい。（　　）

□(2) このおうぎ形の面積を求めなさい。（　　）

ヒント

❶
(2)円の接線は，接点を通る半径に垂直です。

❷
半径 r の円では，
(周の長さ) $=2\pi r$
(面積) $=\pi r^2$

❸
(1)(おうぎ形の弧の長さ)
$=2\pi\times6\times\frac{120}{360}$
(2)(おうぎ形の面積)
$=\pi\times4^2\times\frac{45}{360}$

❹
中心角を x°として比例式をつくります。
(1)(おうぎ形の弧の長さ)
:(円の周の長さ)
$=x:360$
(2)(おうぎ形の面積)
:(円の面積)
$=x:360$

❺
(1)おうぎ形の弧の長さは $2\pi\times8=16\pi$(cm)です。中心角を x°として比例式をつくります。

5章

Step 3 予想テスト　5章 平面図形

30分　／100点　目標 80点

1 右の長方形 ABCD について，次の問いに答えなさい。知　　20点(各5点)

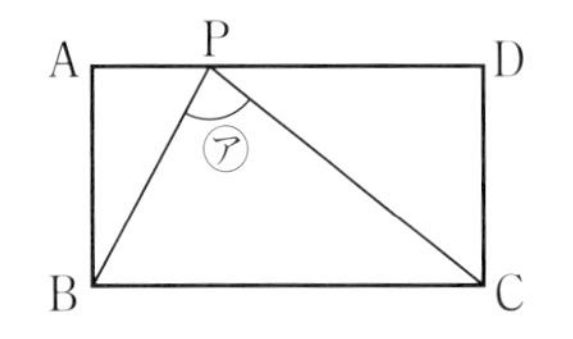

□(1)　㋐の角を記号とアルファベット3文字を使って表しなさい。

□(2)　辺 AD と辺 BC の関係を，記号を使って2つ表しなさい。

□(3)　辺 AB と辺 BC の関係を，記号を使って表しなさい。

2 正六角形 ABCDEF の対角線の交点 O を通る線分を，右の図のようにひくと，合同な6つの正三角形ができます。次の(1)，(2)にあてはまる三角形をすべて答えなさい。知　　10点(各5点，(1)完答)

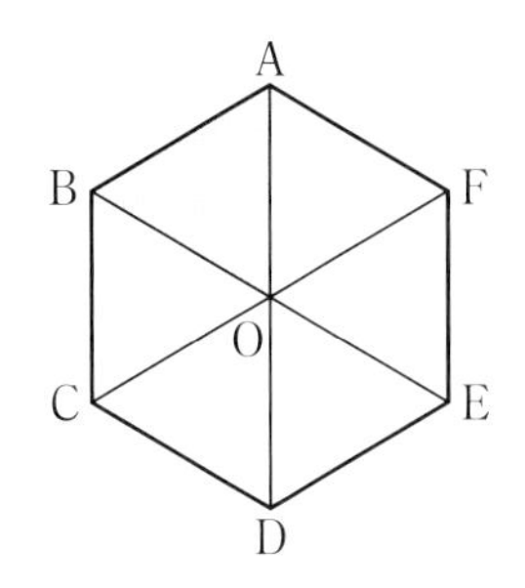

□(1)　△OAB を，平行移動すると重なる三角形

□(2)　△OAB を，点 O を回転の中心として，180°回転移動すると重なる三角形

3 次の問いに答えなさい。知 考　　20点(各5点)

□(1)　半径 5cm，中心角 144°のおうぎ形の弧の長さと面積を求めなさい。

□(2)　半径 6cm，弧の長さ 2πcm のおうぎ形の中心角の大きさと面積を求めなさい。

点UP

4 次の作図を解答欄(らん)の図にしなさい。知 考　　10点(各5点)

□(1)　線分 AB の中点 M

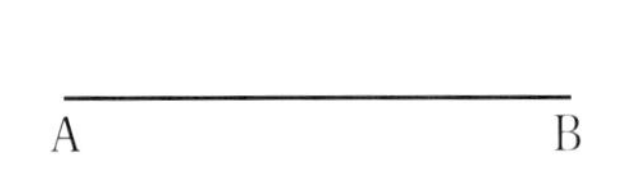

□(2)　下の円 O で，点 P が接点となるような，この円の接線 ℓ

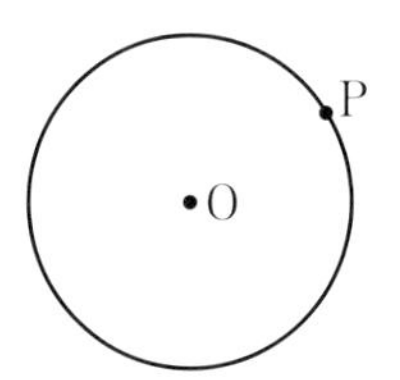

5 右の図について，次の問いに答えなさい。知 考　　10点(各5点，(1)完答)

□(1)　∠AOC の二等分線 OP と，∠BOC の二等分線 OQ を解答欄の図に作図しなさい。

□(2)　∠POQ の大きさを求めなさい。

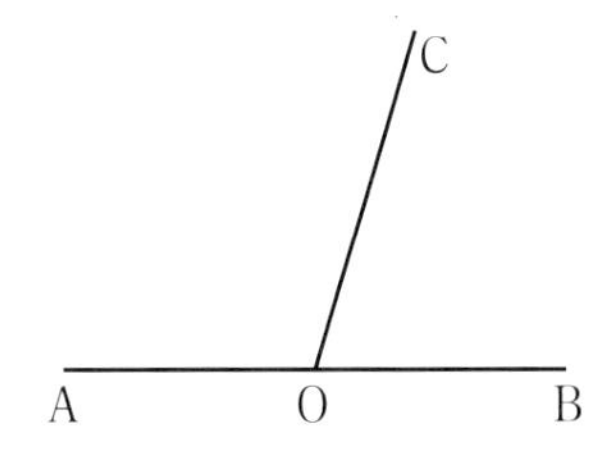

❻ 1辺が 10cm の正方形の内側にかかれた右のような図について，次の問いに答えなさい。知　　10点(各5点)

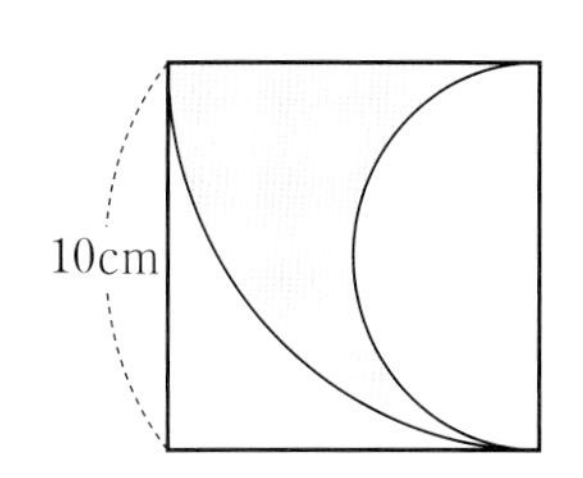

□(1)　色をつけた部分の周の長さを求めなさい。

□(2)　色をつけた部分の面積を求めなさい。

❼ 右の図のように，半径 4cm のパイプ 3 本をひもでたるまないようにしばります。結び目に 10cm 使うとして，パイプをしばるのに必要なひもの長さを求めなさい。考　　10点

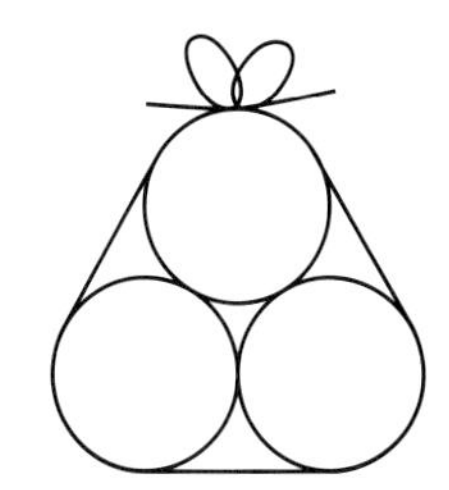

❽ 右の図は，半径 9cm，中心角 80°のおうぎ形 OCD から，半径 6cm，中心角 80°のおうぎ形 OAB を取り除いたものです。色をつけた部分の面積を求めなさい。考　　10点

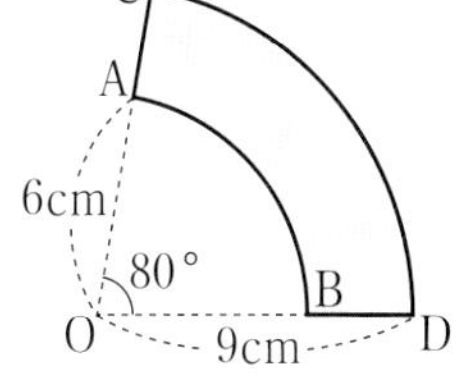

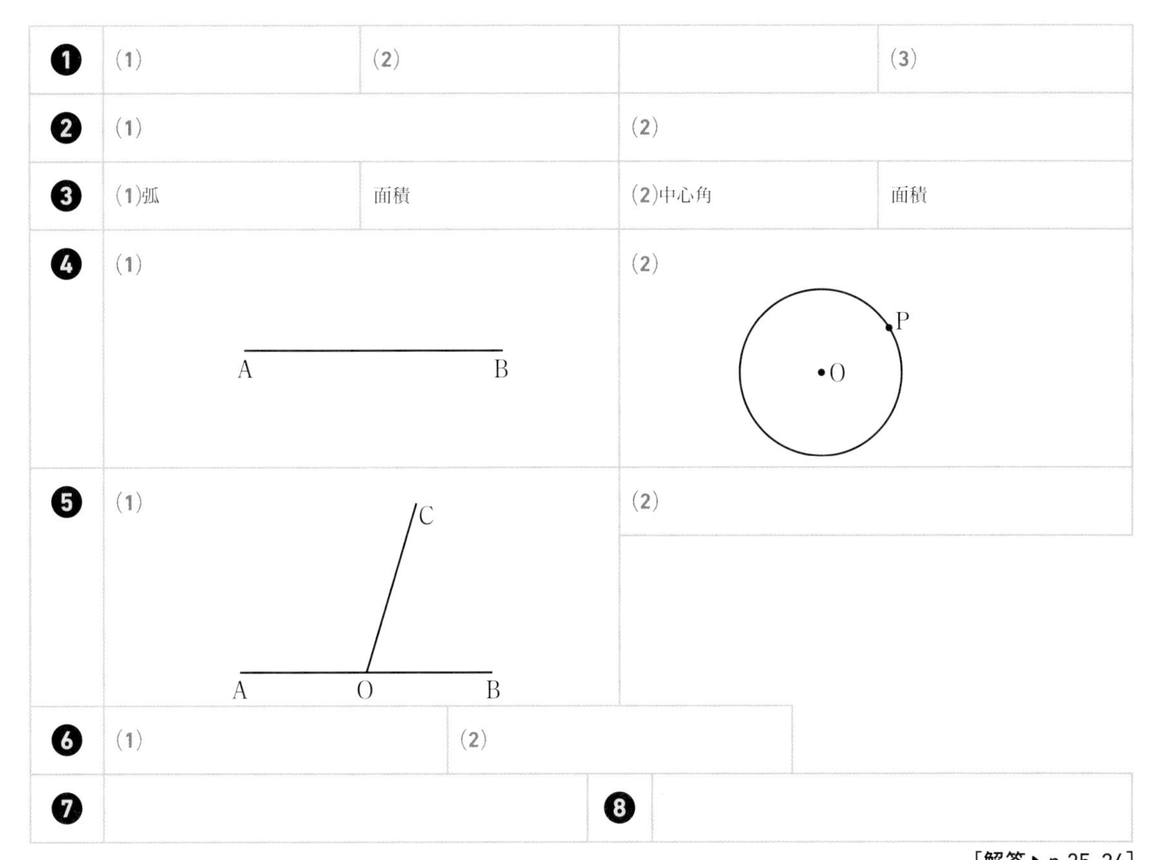

❶	(1)	(2)		(3)
❷	(1)		(2)	
❸	(1)弧	面積	(2)中心角	面積
❹	(1)		(2)	
❺	(1)		(2)	
❻	(1)	(2)		
❼		❽		

Step 1 基本チェック　1節 立体と空間図形

15分

教科書のたしかめ　[ ]に入るものを答えよう！

❶ いろいろな立体

▶ 教 p.180-188　Step 2 ❶-❹

解答欄

□(1) 角柱の2つの底面は[合同]な多角形で，側面は[長方形]である。　(1)

□(2) 角錐の底面は[1]つの多角形で，側面は[三角形]である。　(2)

□(3) 円柱の側面の展開図は[長方形]で，横の長さは底面の[円の周の長さ]に等しくなる。　(3)

□(4) 円錐の側面の展開図は[おうぎ形]で，弧の長さは底面の[円の周の長さ]に等しくなる。　(4)

□(5) 立面図と平面図をあわせて，[投影図]という。　(5)

❷ 空間内の平面と直線

▶ 教 p.189-195　Step 2 ❺

□(6) 右の図のような，立方体を2つに切った三角柱で，直線 AD と CF は[平行]で，直線 BC と DE は[ねじれの位置]にある。
また，直線 AD と平面 DEF は[垂直]に交わり，平面 ABC と平面 DEF は[平行]である。　(6)

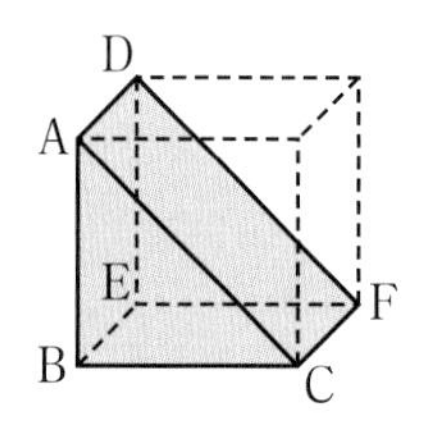

❸ 立体の構成

▶ 教 p.196-199　Step 2 ❻-❽

□(7) 多角形を，その面に垂直な方向に，一定の距離だけ平行に動かすと[角柱]ができる。また，円に垂直に立てた線分を，その周にそって1まわりさせると[円柱]の側面ができる。　(7)

□(8) 長方形，直角三角形を，直線 ℓ を軸として1回転してできる立体は，それぞれ[円柱]，[円錐]である。　(8)

ℓ　ℓ

教科書のまとめ　＿＿に入るものを答えよう！

□ 立体を，真正面から見た図を 立面図 ，真上から見た図を 平面図 という。

□ 立面図と平面図をあわせて， 投影図 という。

□ 空間内の2直線の位置関係には， 交わる ， 平行である ， ねじれの位置 にあるの場合がある。

□ 空間内の直線と平面の位置関係には，直線が 平面上 にある， 交わる ， 平行である の3つの場合がある。空間内の2平面の位置関係には， 交わる ， 平行である の2つの場合がある。

□ 1つの平面図形を，その平面上の直線 ℓ のまわりに1回転させてできる立体を 回転体 といい，直線 ℓ を 回転の軸 という。

□ 角柱や円柱の側面を，多角形や円に垂直に立てた線分を，その周にそって1まわりさせてできたものとみるとき，その線分を，その角柱や円柱の 母線 という。

Step 2 予想問題 1節 立体と空間図形

【いろいろな立体①(立体の展開図①)】

❶ 次の展開図を組み立ててできる立体の名前を答えなさい。

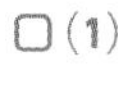

□ (1)

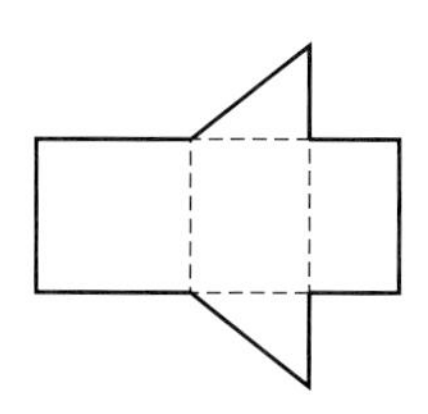

□ (2)

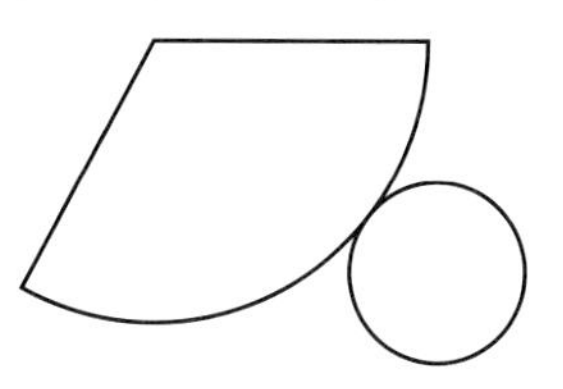

(　　　　　　)　(　　　　　　)

【いろいろな立体②(立体の展開図②)】

❷ 次の㋐～㋓を組み立てたとき，立方体にならないのはどれですか。

□

㋐

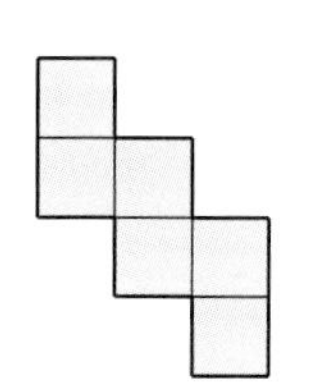

㋑

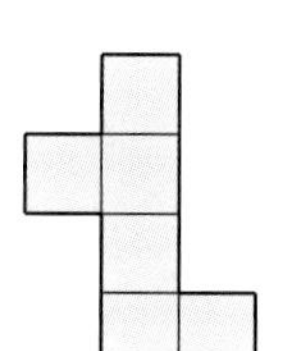

㋒

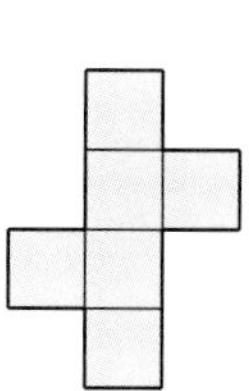

㋓

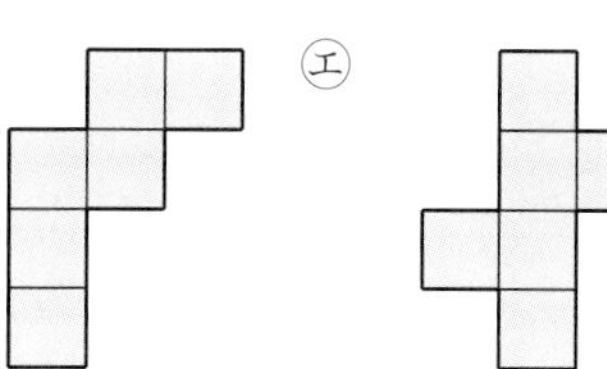

(　　　　　　)

【いろいろな立体③(投影図①)】

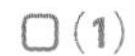

❸ 次の投影図で表された立体の名前を答えなさい。

□ (1)

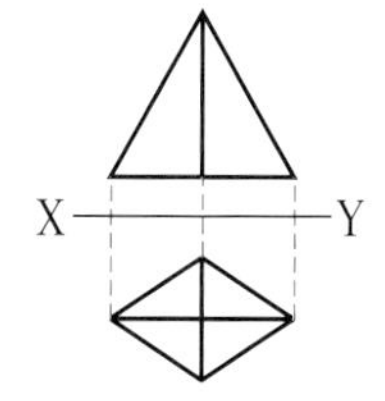

□ (2)

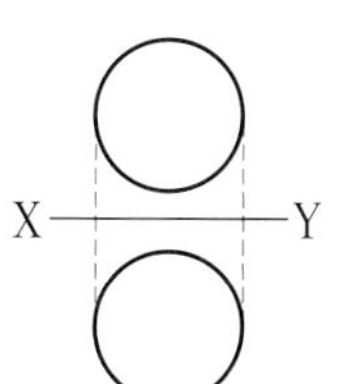

(　　　　　　)　(　　　　　　)

【いろいろな立体④(投影図②)】

❹ 底面が1辺1.5cmの正三角形，高さが1cmの三角柱の立面図をかき入れて，右の投影図を完成させなさい。

□

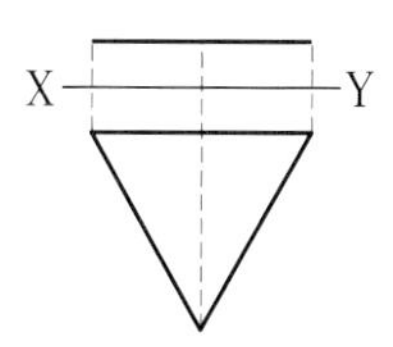

ヒント

❶
(1)2つの底面は合同な三角形です。
(2)底面は1つの円です。

❷
どれか1つの面を底面として組み立てていき，重なりがあるかどうかを調べます。

❸
投影図は，真正面から見た図(線分XYより上側にある図で，立面図といいます)と，真上から見た図(線分XYより下側にある図で，平面図といいます)をあわせたものです。

❹
実際に見える辺は実線——で，見えない辺は破線-----で示します。

6章

【空間内の平面と直線(2直線，直線と平面，2平面の位置関係)】

点UP

5 右の図の直方体で，次の関係にある直線や平面をすべて答えなさい。

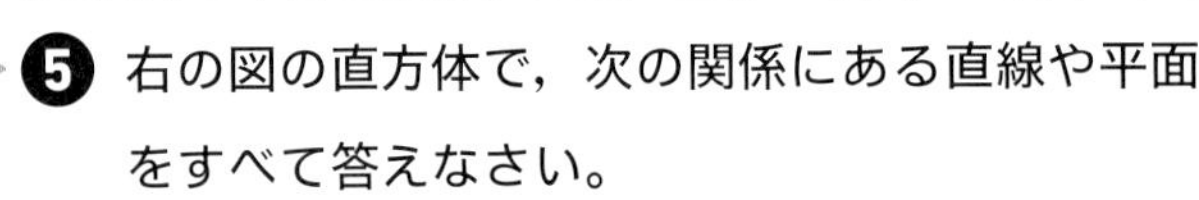

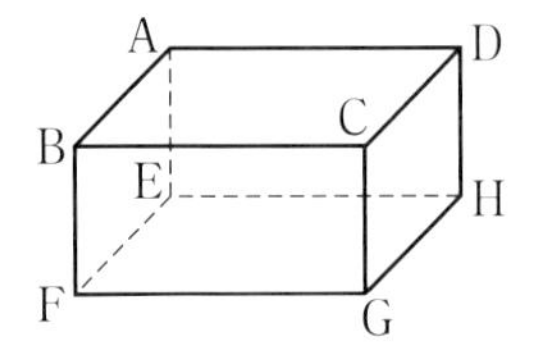

□(1) 直線BCとねじれの位置にある直線

(　　　　　　　　　　　　　　　　　　　　)

□(2) 直線ABと平行な直線

(　　　　　　　　　　　　)

□(3) 平面ABCD上にある直線

(　　　　　　　　　　　　)

□(4) 平面CGHDと垂直に交わる直線

(　　　　　　　　　　　　)

□(5) 平面EFGHと平行な直線

(　　　　　　　　　　　　)

□(6) 平面ABFEと平行な平面

(　　　　　　　　　　　　)

□(7) 平面BFGCと垂直な平面

(　　　　　　　　　　　　)

ヒント

5
あてはまる直線や平面は1つとは限らないことに注意します。
(1)ねじれの位置にある2直線は，平行でなく，交わらない直線です。

テスト得ダネ
直方体や立方体，三角柱などで辺，面の位置関係を確認しておきましょう。

【立体の構成①(面を平行に動かしてできる立体)】

6 次の平面図形を，その面に垂直な方向に，一定の距離(きょり)だけ平行に動かしてできる立体の名前を答えなさい。

□(1) 長方形

(　　　　　　　　　　)

□(2) 円

(　　　　　　　　　　)

6
底面の形に着目しましょう。

【立体の構成②(面を回転させてできる立体)】

よく出る

7 次の平面図形((1)は正方形，(2)は直角三角形)を，直線 ℓ を回転の軸として1回転させてできる立体の名前を答えなさい。

□(1)

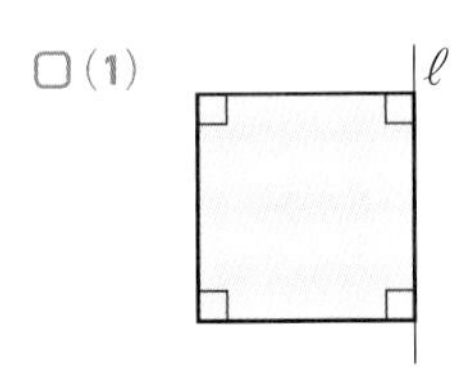

(　　　　　　　　　　)

□(2)

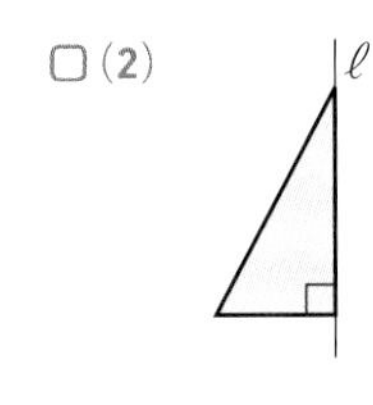

(　　　　　　　　　　)

7
もとの図形と合同な図形を，直線 ℓ が対称の軸となるようにかきたして，見取図を考えましょう。

【立体の構成③(線を動かしてできる立体)】

8 右の図のように，六角形に垂直に立てた線分ABを，その周にそって1まわりさせるとき，次の問いに答えなさい。

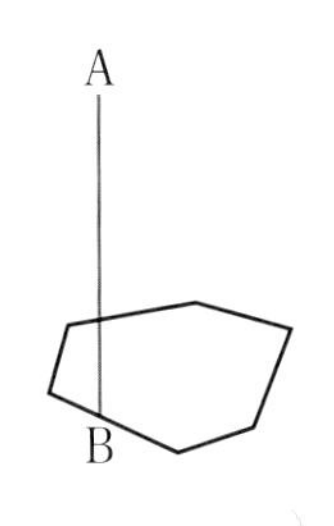

□(1) 線分ABが動いたあとにできるのは，どんな立体の側面ですか。

(　　　　　　　　　　)

□(2) 線分ABを，この立体の何といいますか。

(　　　　　　　　　　)

8
線分ABのかわりに鉛筆などを，図形の周にそって1まわりさせて考えると理解しやすくなります。

[解答▶p.27-28]

Step 1 基本チェック　2節 立体の体積と表面積

15分

教科書のたしかめ　[　]に入るものを答えよう！

❶ 立体の体積
▶ 教 p.201-204　Step 2 ❶-❸❻❼

解答欄

□(1) 底面が，底辺 7cm，高さ 8cm の三角形で，高さが 10cm の三角柱の体積は，$[\frac{1}{2}] \times 7 \times 8 \times 10 = [280]$ (cm^3) である。　(1)

□(2) 底面の半径が 4cm で，高さが 9cm の円錐の体積は，$[\frac{1}{3}\pi] \times 4^2 \times 9 = [48\pi]$ (cm^3) である。　(2)

□(3) 半径 6cm の球の体積は，$[\frac{4}{3}\pi] \times 6^3 = [288\pi]$ (cm^3)　(3)

❷ 立体の表面積
▶ 教 p.205-209　Step 2 ❹-❼

□(4) 底面の半径が 5cm で，高さが 4cm の円柱の
側面積(そくめんせき)は，$4 \times [2\pi \times 5] = [40\pi]$ (cm^2)，
表面積(ひょうめんせき)は，$\pi \times 5^2 \times [2] + 40\pi = [90\pi]$ (cm^2) である。　(4)

□(5) 底面が 1 辺 6cm の正方形で，側面の二等辺三角形の高さが 4cm である正四角錐の
側面積は，$\left(\frac{1}{2} \times 6 \times 4\right) \times [4] = [48]$ (cm^2)，
表面積は，$[6 \times 6] + 48 = [84]$ (cm^2) である。　(5)

□(6) 母線の長さ 10cm，底面の半径 4cm の円錐の展開図で，おうぎ形の中心角を x° とすると，$x = 360 \times \frac{[2\pi \times 4]}{2\pi \times 10} = [144]$　(6)

□(7) 半径 6cm の球の表面積は，$[4\pi] \times 6^2 = [144\pi]$ (cm^2)　(7)

教科書のまとめ　＿に入るものを答えよう！

□ **角柱，円柱の体積**　底面積(ていめんせき)を S，高さを h，体積を V とすると，$V=$ Sh

□ **角錐，円錐の体積**　底面積を S，高さを h，体積を V とすると，$V=$ $\frac{1}{3}Sh$

□ **球の体積**　半径 r の球の体積を V とすると，$V=$ $\frac{4}{3}\pi r^3$

□ 立体の表面全体の面積を 表面積 といい，1 つの底面の面積を 底面積，側面全体の面積を 側面積 という。

□ 右の三角柱の展開図で，底面となる部分は，ア と オ，側面となる部分は，イ と ウ と エ になる。
(表面積)＝(側面積)＋(底面積)×2

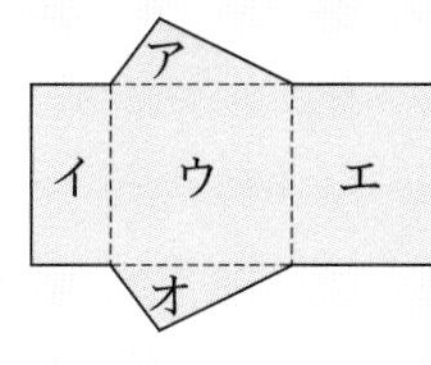

Step 2 予想問題　2節 立体の体積と表面積

1ページ 30分

【立体の体積①】

よく出る

1 次の立体の体積を求めなさい。

□(1) 四角柱

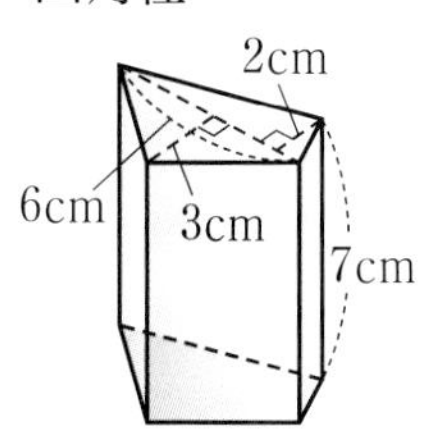

□(2) 円柱

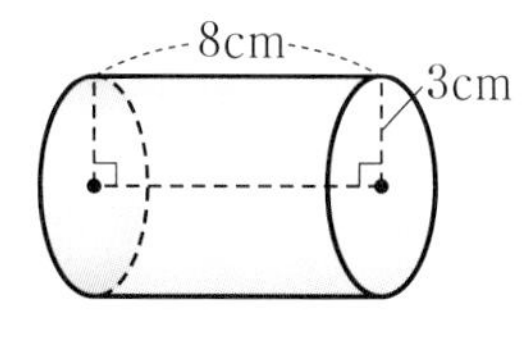

(　　　　)　　(　　　　)

□(3) 正四角錐

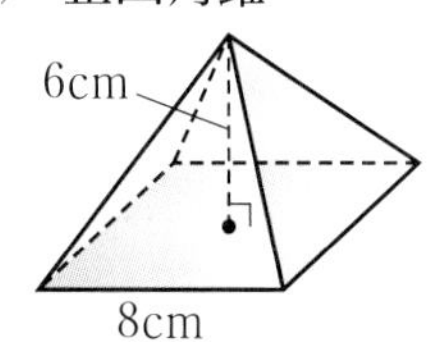

□(4) 円錐

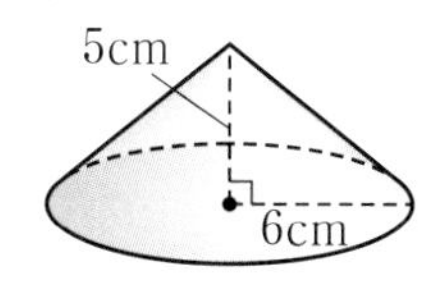

(　　　　)　　(　　　　)

【立体の体積②(回転体の体積)】

点UP

2 □ 右の図のような直角三角形 ABC で，次の辺を回転の軸(じく)として 1 回転させて回転体をつくります。

㋐　辺 AB　　　　㋑　辺 AC

㋐と㋑の立体では，体積はどちらがどれだけ大きくなりますか。

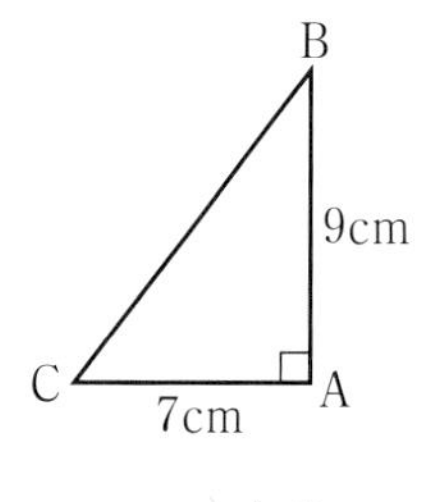

(　　　　)の方が(　　　　)大きい。

【立体の体積③】

点UP

3 □ 右の図のように，ある三角錐を展開すると 1 辺が 10cm の正方形になりました。この三角錐の体積を求めなさい。

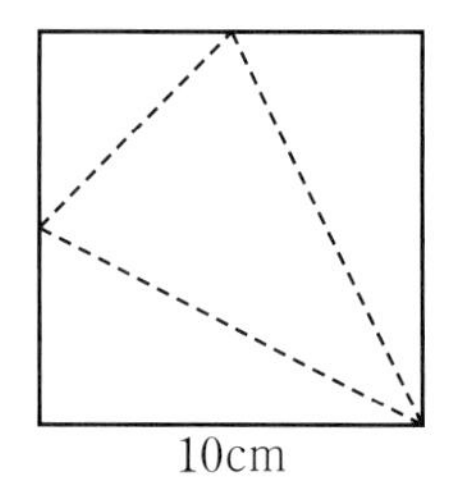

(　　　　)

ヒント

1

(1)(2)(角柱，円柱の体積)
＝(底面積)×(高さ)

(3)(4)(角錐，円錐の体積)
$= \frac{1}{3}$ ×(底面積)
×(高さ)

テスト得ダネ

角錐，円錐の体積の公式は今後もよく出てきます。確実に覚えましょう。

2

㋐，㋑の立体の体積を求めて，くらべます。できあがる立体の見取図をかいて考えてみましょう。

3

展開図を組み立てるとどのような三角錐になるか，見取図を考えてみましょう。

[解答▶p.28]

【立体の表面積①】

4 次の立体の底面積，側面積，表面積を求めなさい。

□(1) 三角柱

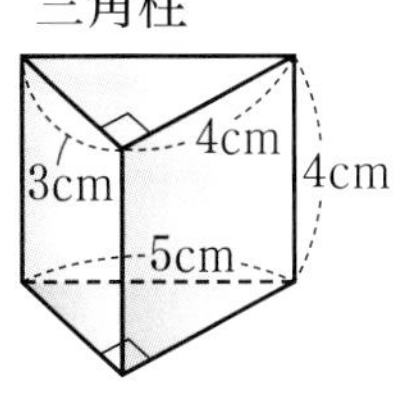

底面積（　　　）
側面積（　　　）
表面積（　　　）

□(2) 円柱

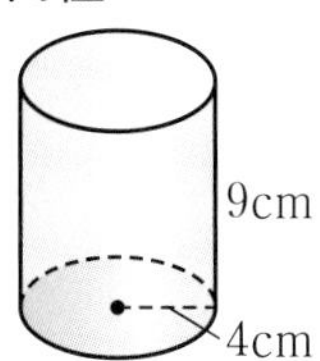

底面積（　　　）
側面積（　　　）
表面積（　　　）

ヒント

4
(2)円柱の側面の展開図は長方形で，縦の長さは円柱の高さ，横の長さは底面の円の周の長さと等しくなります。

ミスに注意
角柱，円柱には，合同な底面が2つあることに注意します。

【立体の表面積②】

よく出る

5 次の立体の表面積を求めなさい。

□(1) 正四角錐

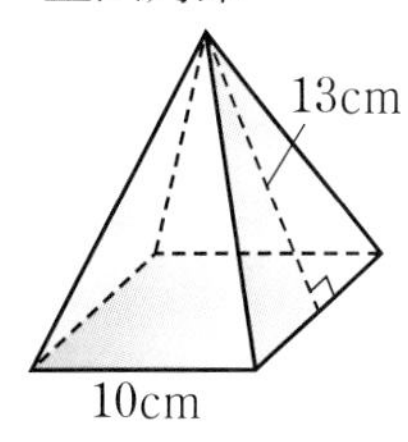

（　　　）

□(2) 円錐

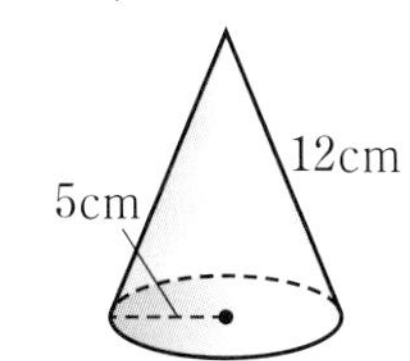

（　　　）

5
(1)側面は，4つの二等辺三角形でできています。
(2)側面の展開図は，半径12cmのおうぎ形で，その弧の長さは，底面の半径5cmの円の周の長さに等しくなります。

6章

【球の表面積と体積①】

6 右の図の半球の体積と表面積を求めなさい。
□

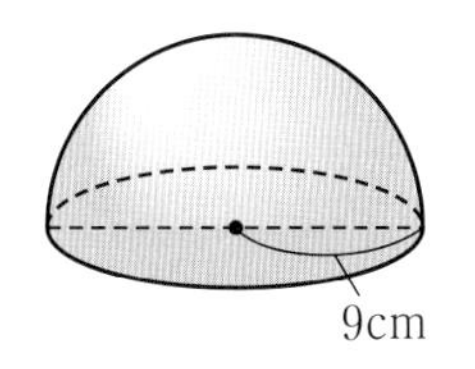

体積（　　　），表面積（　　　）

6
球をその中心を通る平面で，2つに切り分けたものが半球です。体積は球の半分なので，$\frac{4}{3}\pi r^3 \times \frac{1}{2}$ で求めることができます。

【球の表面積と体積②】

7 右の図のように，直角三角形ABCとおうぎ形CBDをくっつけた図形があります。辺ADを回転の軸として，この図形を1回転させてできる立体の体積と表面積を求めなさい。
□

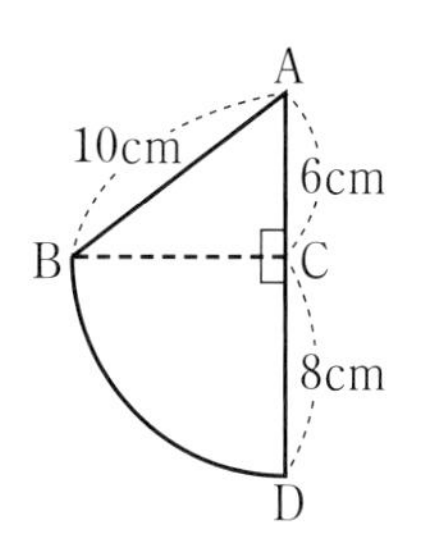

体積（　　　），表面積（　　　）

7
図形を1回転させると円錐と半球がくっついた立体になります。

ミスに注意
円錐の底面の円と，半球の円の部分を表面積に加えないように注意しましょう。

Step 3 予想テスト　6章 空間図形

30分　／100点　目標 80点

1 右のような直方体から三角柱を切り取った立体について，次の問いに答えなさい。知 考　20点(各5点，(1)~(3)完答)

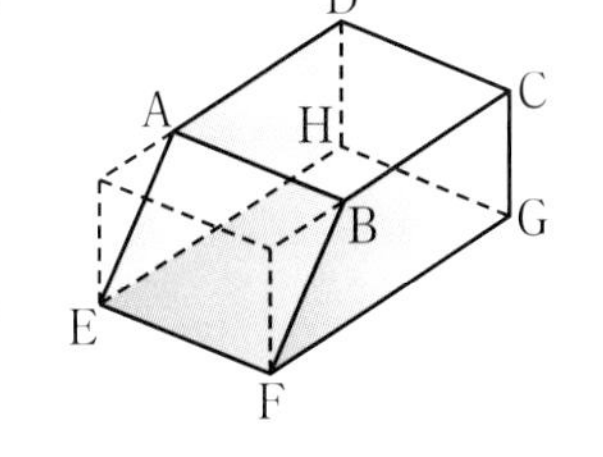

□(1)　直線DCと平行な直線はどれですか。すべて答えなさい。

□(2)　直線BFとねじれの位置にある直線はどれですか。すべて答えなさい。

□(3)　直線CGと垂直な平面はどれですか。すべて答えなさい。

□(4)　平面AEHDと垂直な平面はいくつありますか。

2 右の図は，正三角錐の展開図です。この展開図を組み立てて正三角錐をつくるとき，次の問いに答えなさい。知 考　10点(各5点，(1)完答)

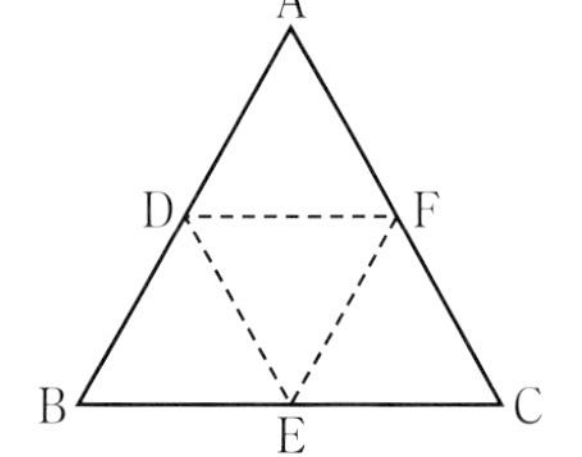

□(1)　点Aと重なる点はどれですか。すべて答えなさい。

□(2)　辺BEとねじれの位置にある辺を答えなさい。

3 次の条件にあてはまる立体を，下の語群の中から選び，記号で答えなさい。答えは1つとは限りません。知 考　35点(各5点，完答)

□(1)　角柱

□(2)　底面が三角形である立体

□(3)　底面が円である立体

□(4)　回転体

□(5)　側面が三角形である立体

□(6)　三角形と四角形の面をもつ立体

□(7)　多角形や円を，その面に垂直な方向に，一定の距離(きょり)だけ平行に動かしてできる立体

語群

㋐ 正五角柱　㋑ 円柱　㋒ 立方体　㋓ 三角柱　㋔ 円錐
㋕ 三角錐　㋖ 球　㋗ 直方体　㋘ 四角錐

　成績評価の観点　知…数量や図形などについての知識・技能　考…数学的な思考・判断・表現

❹ 右の図の円錐について，次の問いに答えなさい。知 考　14点(各7点)

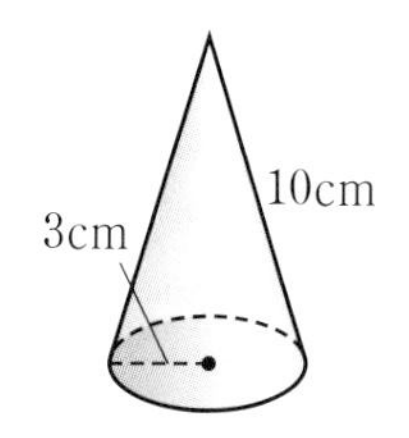

□(1)　側面の展開図のおうぎ形の中心角の大きさを求めなさい。

□(2)　表面積を求めなさい。

❺ 右の図のように，おうぎ形EABと長方形BCDEをくっつけた図形があります。辺ADを回転の軸(じく)として，この図形を1回転させてできる立体の表面積と体積を求めなさい。知 考　14点(各7点)

□

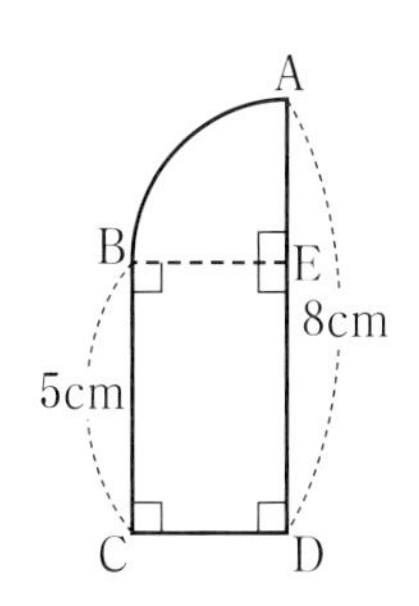

❻ 右の直方体の容器に，図のように水を入れ，その水を円柱形の容器に移したところ，水の深さが9cmになりました。この円柱形の容器の底面積を求めなさい。

□

知 考　7点

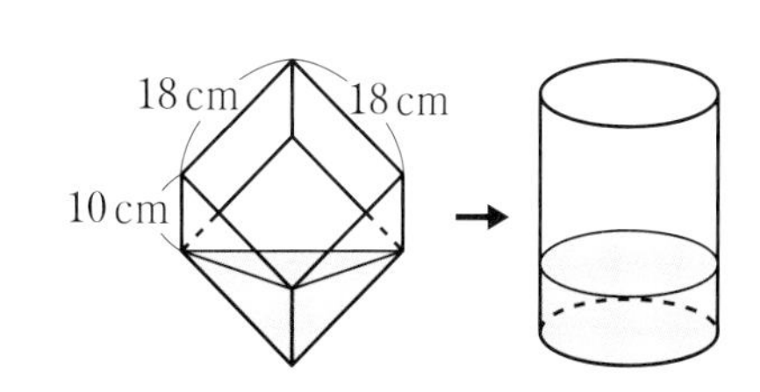

❶	(1)	(2)	
	(3)	(4)	
❷	(1)	(2)	
❸	(1)	(2)	(3)
	(4)	(5)	(6)
	(7)		
❹	(1)	(2)	
❺	表面積	体積	
❻			

❶ ／20点　❷ ／10点　❸ ／35点　❹ ／14点　❺ ／14点　❻ ／7点

[解答▶p.30]

6章

Step 1 基本チェック 1節 ヒストグラムと相対度数 2節 データにもとづく確率

15分

教科書のたしかめ [ ]に入るものを答えよう！

1節 ヒストグラムと相対度数

▶ 教 p.215-231 Step 2 ❶

解答欄

□(1) データの最小値(さいしょうち)が 18.2 °C，最大値(さいだいち)が 32.8 °C であるとき，このデータの範囲(はんい)は，[14.6] °C

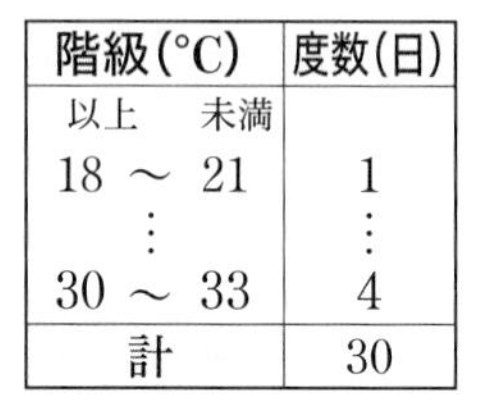

階級(°C)	度数(日)
以上　未満	
18 ～ 21	1
⋮	⋮
30 ～ 33	4
計	30

□(2) 右のような表を[度数分布表]という。

□(3) 右の表で階級の幅は，[3] °C

□(4) 階級が，10g 以上 20g 未満であるとき，階級値は，[15] g

□(5) 右のヒストグラムで，階級が 24 °C 以上 27 °C 未満の度数は，[6] 日

□(6) 右の図の折れ線グラフを，[度数分布多角形(度数折れ線)] という。

□(7) 総度数が 50 で，度数が 10 であるとき，相対度数は，[0.2]

(日) 20 18 16 14 12 10 8 6 4 2 0
18 21 24 27 30 33 (°C)

(1)
(2)
(3)
(4)
(5)
(6)
(7)

2節 データにもとづく確率

▶ 教 p.233-237 Step 2 ❷

□(8) 右の表で，さいころを投げて 1 の目が出た相対度数を小数第 3 位まで求めなさい。

投げた回数	800	1200	1600	2000
1 の目が出た回数	126	201	268	335
1 の目が出た相対度数	0.158	0.168	[0.168]	[0.168]

□(9) 相対度数は[0.168]に近づくと考えられるので，1 の目が出る確率は[0.168]と考えられる。

(8)
(9)

教科書のまとめ ＿に入るものを答えよう！

□ データの値の中で，最大値と最小値の差を，分布の 範囲 という。

□ 度数分布表(どすうぶんぷひょう)において，最初の階級から，ある階級までの度数の合計を 累積度数 という。

□ 階級の幅を横，度数を縦とする長方形を並べたようなグラフを， ヒストグラム という。

□ 代表値 には，もっともよく用いられる 平均値 ，データの値を大きさの順に並べたとき中央にくる値の 中央値 ，データの値の中でもっとも多く現れる値の 最頻値 などがある。

□ 度数分布表で，それぞれの階級のまん中の値を 階級値 という。

□ それぞれの階級の度数の，全体に対する割合を，その階級の 相対度数 という。また，最初の階級から，ある階級までの相対度数の合計を 累積相対度数 という。

□ あることがらの起こりやすさの程度を表す数を，そのことがらの起こる 確率 という。

Step 2 予想問題 1節 ヒストグラムと相対度数 2節 データにもとづく確率

1ページ 30分

【ヒストグラムと相対度数】

1 あるクラス20人の50m走の記録は，次のようでした。この20人の記録について，以下の問いに答えなさい。

記録 表

6.9秒 7.8秒 7.7秒
9.1秒 7.6秒 8.0秒
8.0秒 6.9秒 8.4秒
9.1秒 8.3秒 7.2秒
7.8秒 7.2秒 8.1秒
6.8秒 9.0秒 8.8秒
8.4秒 7.8秒

階級(秒)	階級値(秒)	度数(人)	相対度数	累積相対度数	(階級値)×(度数)
以上 未満					
6.5～7.0	6.75	㋐	0.15		20.25
7.0～7.5	7.25	2	㋒		14.50
7.5～8.0	7.75	5	㋓		38.75
8.0～8.5	8.25	㋑	0.30		49.50
8.5～9.0	8.75	1	0.05	㋔	8.75
9.0～9.5	9.25	3	0.15	1.00	27.75
計		20	1.00		159.5

□(1) データの範囲を求めなさい。 (　　　)

□(2) 階級の幅を求めなさい。 (　　　)

□(3) 表をもとに，右のヒストグラムを完成させなさい。

(人) 0 1 2 3 4 5 6
6.5 7.0 7.5 8.0 8.5 9.0 9.5(秒)

□(4) ㋐～㋔にあてはまる数を書きなさい。

㋐(　　　)，㋑(　　　)，㋒(　　　)，㋓(　　　)，㋔(　　　)

□(5) 中央値，最頻値，平均値を(平均値は小数第一位まで)求めなさい。

中央値(　　　)，最頻値(　　　)，平均値(　　　)

【データにもとづく確率】

2 さいころを投げ，1の目が出た回数を調べたところ，下の表のようになりました。次の問いに答えなさい。

投げた回数	100	200	300	400	500	1000
⚀が出た回数	19	34	49	65	84	169
⚀が出た相対度数	㋐(　)	㋑(　)	㋒(　)	㋓(　)	㋔(　)	㋕(　)

□(1) 1の目の出た相対度数をそれぞれ求め，表の㋐～㋕に書き入れなさい。ただし，四捨五入により，小数第2位までの数で表しなさい。

□(2) さいころを投げたとき，1の目が出る確率は，どのくらいだと考えられますか。

(　　　)

ヒント

1

(1)データの最大値と最小値の差を求める。

(4)(ある階級の相対度数) ＝ (その階級の度数) / (総度数)

(5)中央値…データの値の数が奇数個のときは，中央の値です。偶数個のときは，中央の2つの値の合計を2でわった値です。
最頻値…度数のもっとも多い階級の階級値で答えます。

2

(1)(1の目が出た相対度数) ＝(1の目が出た回数) ÷(投げた回数)

(2)投げる回数が多くなるほど，一定の値に近づいていくと考えられます。

7章

Step 3 予想テスト　7章 データの活用

20分　／50点　目標 40点

1 中学1年の男子生徒50人の50m走の記録を測定しました。表1は，記録のよい順に並べたものの一部です。また，表2は，記録をもとに作成した表です。これについて，あとの問いに答えなさい。知 考

39点((1)各2点，(2)5点，(3)，(4)各4点)

表1

1	6.5秒
⋮	
24	8.2秒
25	8.3秒
26	8.3秒
27	8.4秒
⋮	
50	9.4秒

表2

階級(秒)	階級値(秒)	度数(人)	相対度数	(階級値)×(度数)
以上　未満				
6.4 ～ 6.8	6.6	1	0.02	6.6
6.8 ～ 7.2	7.0	4	0.08	28.0
7.2 ～ 7.6	7.4	2	0.04	14.8
7.6 ～ 8.0	7.8	㋐	㋒	㋕
8.0 ～ 8.4	8.2	15	0.30	123.0
8.4 ～ 8.8	8.6	㋑	0.18	㋖
8.8 ～ 9.2	9.0	5	㋓	45.0
9.2 ～ 9.6	9.4	2	0.04	18.8
計		50	㋔	407.2

図

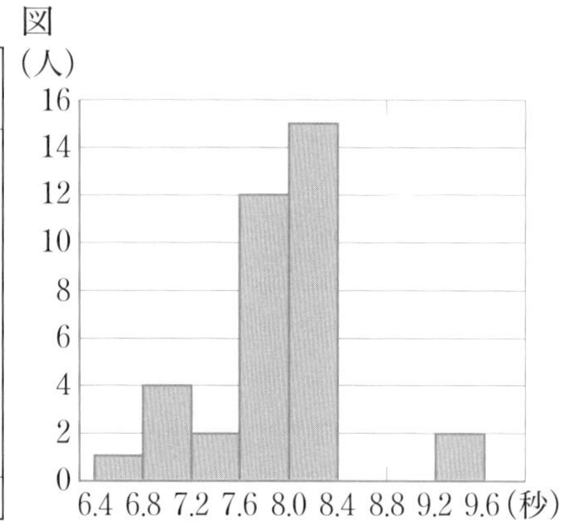

□(1) 表2や図のヒストグラムを見て，㋐～㋖にあてはまる数を求めなさい。

□(2) 表2をもとに，右上の図のヒストグラムを完成させなさい。

□(3) データについて，次の値を(平均値は小数第一位まで)求めなさい。

① 範囲(はんい)　② 中央値　③ 最頻値(さいひんち)　④ 平均値

□(4) 記録が7.6秒未満の生徒は全体の何%ですか。

点UP **2** ビールの王冠を1200回投げたら，480回表が出ました。表の出る確率を求めなさい。知　5点

□

3 次のことがらが正しければ○を，正しくなければ×をかきなさい。考　6点(各2点)

□(1) 右の図のような将棋(しょうぎ)の駒(こま)を投げるとき，表の出る確率は$\frac{1}{2}$である。

□(2) 正しくつくられたさいころを投げるとき，3の目の出る確率と6の目の出る確率は等しい。

□(3) 10円硬貨(こうか)を1000回投げるとき，表と裏の出る回数は必ず等しくなる。

1	(1)㋐	㋑	㋒	㋓
	㋔	㋕	㋖	(2)(問題の図にかく)
	(3)①	②	③	④	(4)
2		**3** (1)	(2)	(3)

[解答▶p.32]

テスト前 ☑ やることチェック表

① まずはテストの目標をたてよう。頑張ったら達成できそうなちょっと上のレベルを目指そう。
② 次にやることを書こう（「ズバリ英語〇ページ，数学〇ページ」など）。
③ やり終えたら□に✔を入れよう。
最初に完ぺきな計画をたてる必要はなく，まずは数日分の計画をつくって，
その後追加・修正していっても良いね。

目標

	日付	やること 1	やること 2
2週間前	/	□	□
	/	□	□
	/	□	□
	/	□	□
	/	□	□
	/	□	□
	/	□	□
1週間前	/	□	□
	/	□	□
	/	□	□
	/	□	□
	/	□	□
	/	□	□
	/	□	□
テスト期間	/	□	□
	/	□	□
	/	□	□
	/	□	□
	/	□	□

キリトリ線

QRコードのページに登録すると，「ぴたリンク」からも表をダウンロードできるよ

テスト前 ☑ やることチェック表

① まずはテストの目標をたてよう。頑張ったら達成できそうなちょっと上のレベルを目指そう。
② 次にやることを書こう（「ズバリ英語○ページ，数学○ページ」など）。
③ やり終えたら□に✔を入れよう。
最初に完ぺきな計画をたてる必要はなく，まずは数日分の計画をつくって，
その後追加・修正していっても良いね。

目標

	日付	やること 1	やること 2
2週間前	／	□	□
	／	□	□
	／	□	□
	／	□	□
	／	□	□
	／	□	□
	／	□	□
1週間前	／	□	□
	／	□	□
	／	□	□
	／	□	□
	／	□	□
	／	□	□
	／	□	□
テスト期間	／	□	□
	／	□	□
	／	□	□
	／	□	□
	／	□	□

QRコードのページに登録すると，「ぴたリンク」からも表をダウンロードできるよ

啓林館版 数学１年 | 定期テスト ズバリよくでる | 解答集

１章 正の数・負の数

１節 正の数・負の数

p.3-4 **Step 2**

❶ (1) -15　(2) $+8$

解き方 正の数には $+$ を，負の数には $-$ をつけて表します。

❷ A -4　B -1.5 または $-\frac{3}{2}$

C 0.5 または $\frac{1}{2}$　D 2

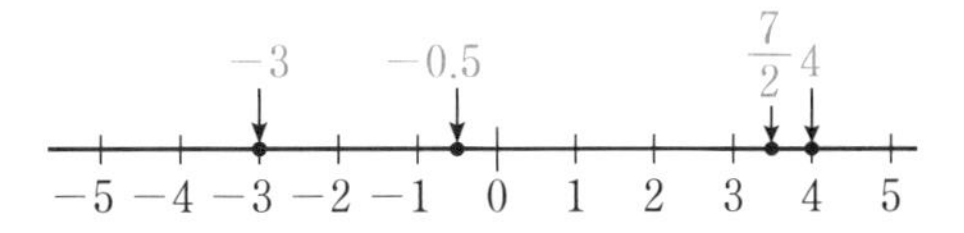

解き方 正の数は，0 に対応する点である原点から右側，負の数は原点から左側の位置になります。

-0.5 の位置は 0 の点よりさらに 0.5 左側で，$\frac{7}{2}=3.5$ は，3 の点よりさらに 0.5 右側の位置になります。

❸ (1) 2 分前 -2 分　3 分後 $+3$ 分

(2) 4km 東 $+4$km　6km 西 -6km

解き方 たがいに反対の性質をもつと考えられる量は，正の数，負の数を使って表すことができます。

(1)「後」の反対語は「前」。(2)「東」の反対語は「西」。

❹ ㋐ -6　㋑ 0　㋒ $+7$

解き方 平均との違いの絶対値に，平均より高ければ $+$，平均より低ければ $-$ をつけて表します。平均との違いが 0 の場合は 0 と表します。

❺ (1) -8 点少ない　(2) -20cm 短い

解き方 負の数を用いて，反対の性質を表すことができます。

例「○ m 高い」=「−○ m 低い」

「△ m^2 大きい」=「−△ m^2 小さい」。

❻ (1) 4 減る　(2) 3 大きい

解き方 反対の意味を表すことばを用いて表します。

❼ (1) 絶対値 7　符号を変えた数 $+7$

(2) 絶対値 0.8　符号を変えた数 -0.8

解き方 絶対値は，数直線上で，0 からその数までの距離を表します。その数から正，負の符号をとった数になります。

❽ (1) $-5<4$　(2) $-8<-2.8$

(3) $-\frac{5}{3}>-2.5$

解き方 (3) 小数と分数をくらべるときには小数(または分数)にそろえてから大きさをくらべます。

❾ -9，$-\frac{10}{3}$，-3.3，0.03，$\frac{3}{2}$，3

解き方 負の数 $<0<$ 正の数

正の数…0 より大きく，絶対値が大きいほど大きい。

負の数…0 より小さく，絶対値が大きいほど小さい。

❿ (1) -3　(2) 0

(3) 0.1，0，$-\frac{2}{3}$　(4) -2.5，-3，$\frac{5}{2}$

解き方 数直線上に表して考えます。

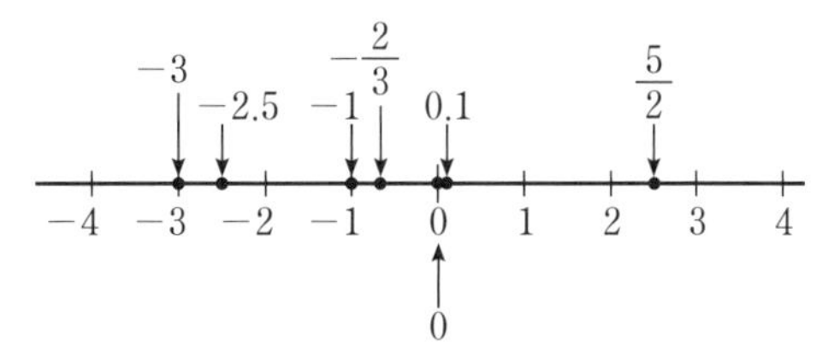

(1) 数直線上で，もっとも左にある数です。

(2) 0 の絶対値は 0 です。

(3)「1 より小さい」では，1 はふくまれません。

(4) 分数を小数になおして考えます。

2節 正の数・負の数の計算

3節 正の数・負の数の利用

p.6-9 Step 2

❶ (1) $+12$ (2) -7 (3) -13
(4) $+23$ (5) -19 (6) -59
(7) $+6$ (8) $+3$ (9) -4
(10) -5 (11) 0 (12) -12

解き方 同符号の2数の和は,
符号…2数と同じ符号
絶対値…2数の絶対値の和
異符号の2数の和は,
符号…絶対値の大きい方の符号
絶対値…2数の絶対値の差

(1) $(+4)+(+8)=+(4+8)=+12$
(3) $(-3)+(-10)=-(3+10)=-13$
(7) $(-3)+(+9)=+(9-3)=+6$
(10) $(-14)+(+9)=-(14-9)=-5$
(11) $(+7)+(-7)=+(7-7)=0$
(12) $(+11)+(-23)=-(23-11)=-12$

❷ (1) 和の符号 $+$ 絶対値 33
(2) 和の符号 $-$ 絶対値 31
(3) 和の符号 $+$ 絶対値 24
(4) 和の符号 $-$ 絶対値 29
(5) 和の符号 $-$ 絶対値 14
(6) 和の符号 $-$ 絶対値 16

解き方 (1)(2) 同符号の和なので,符号は2数と同じです。絶対値は2数の絶対値の和です。
(3)～(5) 異符号の和なので,符号は絶対値の大きい方の符号,絶対値は2数の絶対値の差です。
(6) 0と正の数,0と負の数の和は,その数のままです。

❸ (1) -0.7 (2) $+1.2$ (3) -2.8
(4) $-\frac{2}{7}$ (5) $-\frac{3}{4}$ (6) $+\frac{1}{15}$

解き方 小数や分数の場合も考え方は整数の場合と同様です。

(1) $(-0.2)+(-0.5)=-(0.2+0.5)=-0.7$
(2) $(+2.5)+(-1.3)=+(2.5-1.3)=+1.2$
(3) $(+3.6)+(-6.4)=-(6.4-3.6)=-2.8$

(5)(6) は分母が異なる(異分母)分数なので,通分してから計算します。絶対値の大小に注意しましょう。

(5) $\left(-\frac{1}{4}\right)+\left(-\frac{1}{2}\right)=\left(-\frac{1}{4}\right)+\left(-\frac{2}{4}\right)$
$=-\left(\frac{1}{4}+\frac{2}{4}\right)$
$=-\frac{3}{4}$

(6) $\left(-\frac{1}{3}\right)+\left(+\frac{2}{5}\right)=\left(-\frac{5}{15}\right)+\left(+\frac{6}{15}\right)$
$=+\left(\frac{6}{15}-\frac{5}{15}\right)$
$=+\frac{1}{15}$

❹ (1) -1 (2) -11 (3) -5
(4) -56 (5) -2.4 (6) $-\frac{4}{5}$
(7) $+11$ (8) -6 (9) $+5$
(10) 0 (11) $+7.7$ (12) $+\frac{1}{8}$

解き方 正の数をひくには,ひく数の符号を負に変えた数をたします。
負の数をひくには,ひく数の符号を正に変えた数をたします。

(1) $(+8)-(+9)=(+8)+(-9)=-(9-8)=-1$
(4) $(-24)-(+32)=(-24)+(-32)$
$=-(24+32)=-56$
(7) $(+8)-(-3)=(+8)+(+3)=+(8+3)=+11$
(11) $(+3.2)-(-4.5)=(+3.2)+(+4.5)$
$=+(3.2+4.5)=+7.7$
(12) $\left(-\frac{1}{4}\right)-\left(-\frac{3}{8}\right)=\left(-\frac{2}{8}\right)+\left(+\frac{3}{8}\right)$
$=+\left(\frac{3}{8}-\frac{2}{8}\right)$
$=+\frac{1}{8}$

❺ (1) 正の項 $+6$, $+8$
負の項 -15, -7
(2) 正の項 $+8$, $+17$
負の項 -13, -4, -2

解き方 (1) $(+6)+(-15)-(-8)-(+7)$
$=(+6)+(-15)+(+8)+(-7)$
となおして考えます。正の項を答えるときには,符号 $+$ を省いてもよいです。

(2) $(-13)-(-8)+(-4)-(+2)-(-17)$
$=(-13)+(+8)+(-4)+(-2)+(+17)$
となおして考えます。

❻ (1) -5　(2) 6
(3) 5　(4) -23

解き方 (2)～(4) 正の項の和，負の項の和をそれぞれ求め，計算します。
(3)(4) かっこを省いた式で表します。

❼ (1) -0.2　(2) -3.2
(3) $-\frac{5}{12}$　(4) 0

解き方 (2)(4) かっこを省いた式で表します。小数や分数の場合も，整数の場合と同様に，正の項の和，負の項の和をそれぞれ求め，計算します。

❽ (1) -20　(2) -28　(3) 180
(4) -24　(5) 36　(6) 0
(7) -9　(8) -8　(9) $\frac{4}{5}$
(10) 17　(11) -3　(12) 6

解き方 同符号の 2 数の積は正，異符号の 2 数の積は負になります。
(6) 0 と正の数，0 と負の数の積は 0 です。
同符号の 2 数の商は正，異符号の 2 数の商は負になります。

❾ (1) -3.2　(2) 0.24　(3) -7
(4) 0　(5) $-\frac{3}{7}$　(6) $\frac{4}{3}$

解き方 小数や分数の場合も，整数の場合と同様です。
(4) 0 を正の数，負の数でわったときの商は 0 ですが，どんな数も 0 でわることはできません。

❿ (1) $\frac{4}{3}$　(2) -8　(3) $-\frac{1}{3}$

解き方 分数の場合は，分母と分子を入れかえます。
整数の場合は，$a=\frac{a}{1}$ と表し，逆数は $\frac{1}{a}$ になります。
逆数の符号は変化しないので，注意しましょう。

⓫ (1) $\frac{8}{3}\times\left(-\frac{1}{6}\right)=-\frac{4}{9}$
(2) $\frac{2}{3}\times(-9)=-6$
(3) $\left(-\frac{4}{5}\right)\times\left(-\frac{10}{3}\right)=\frac{8}{3}$

解き方 除法は，わる数の逆数をかける乗法になおします。

⓬ (1) 24　(2) -4
(3) $\frac{5}{4}$　(4) $-\frac{3}{2}$

解き方 3つ以上の数の乗除は $-$ の個数を数え，答えの符号を決めてから計算します。
$-$ の個数が偶数個のときは正，奇数個のときは負になります。

⓭ (1) 9　(2) -16　(3) 72
(4) $-\frac{4}{25}$　(5) 14　(6) -2
(7) -46　(8) 9　(9) -3
(10) -11　(11) 1

解き方 かっこの有無，指数の位置による違いに注意して計算します。
例 $-4^2=-(4\times4)=-16$
$(-4)^2=(-4)\times(-4)=16$
また，四則をふくむ式の計算では，計算の順序に注意しましょう。
① 指数のある部分➡ ② かっこの中➡ ③ 乗法・除法➡ ④ 加法・減法
の順に計算します。
(10) 分配法則 $(a+b)\times c=a\times c+b\times c$ を使います。

$$\left(\frac{1}{4}+\frac{2}{3}\right)\times(-12)=\frac{1}{4}\times(-12)+\frac{2}{3}\times(-12)$$
$$=-3+(-8)$$
$$=-11$$

(11) $-6-(3-5)^2\div4+(-2)^3\times(-1)=1$
①$(3-5)^2=(-2)^2=4$
①$(-2)^3=-8$
③ $4\div4=1$
③$(-8)\times(-1)=8$
④$-6-1=-7$
④$-7+8=1$

⓮ ㋐ 0　㋑ 6　㋒ -6
㋓ -7　㋔ 5　㋕ -8
㋖ -1

解き方 まず，4 つの数がそろっているところの和を求めます。
$(-4)+1+(-2)+3=-2$ なので，縦，横，斜めのそれぞれの和が -2 となるように，空欄に入れるべき数を順に求めていきます。

7	−5	−4	0
6	−6	1	−3
−7	5	−2	2
−8	4	3	−1

⓯ (1) 加法，乗法
(2) 加法，減法，乗法

解き方 例えば，2 と 3 で計算してみましょう。

⓰ (1) $2^2\times3^2$　(2) $2^4\times3$　(3) $2^3\times3\times5$

解き方 小さい素数で順にわっていく。

(1)
2) 36
2) 18
3) 9
　 3

(2)
2) 48
2) 24
2) 12
2) 6
　 3

(3)
2) 120
2) 60
2) 30
3) 15
　 5

⓱ 80.4 点

解き方 B の得点との差から残りの 4 人のそれぞれの得点を求め，その総和を 5 でわって求めることもできますが，基準点がわかっている場合は，
(平均点)＝(基準点)＋(基準点との差の平均) で求めた方が計算が簡単になります。
$81+\{(-4)+0+7+(-8)+2\}\div5$
$=81+(-3)\div5$
$=81+(-0.6)$
$=81-0.6$
$=80.4$(点)

p.10-11 Step 3

❶ (1) -12 ℃　(2) -1200 円　(3) 南へ 18m 移動
(4) 5 個多い　(5) 自然数

❷ (1) $2>-6$　(2) $-\dfrac{1}{8}>-\dfrac{1}{4}$　(3) $-0.9<-0.09$

❸ (1) -9　(2) 16　(3) -0.5　(4) $-\dfrac{23}{18}$　(5) -11
(6) -39

❹ (1) -40　(2) -9　(3) 8　(4) 4　(5) -72
(6) $-\dfrac{3}{5}$　(7) 2　(8) $-\dfrac{11}{2}$

❺ ㋐ -5　㋑ -2　㋒ 4　㋓ -6　㋔ 10　㋕ -5

❻ (1) 5 個　(2) $-3,\ -2,\ -1,\ 0,\ 1,\ 2,\ 3$

❼ $2^2\times3^3\times5$

❽ ㋐ 78　㋑ 83　㋒ -20　㋓ $+18$
平均点 78 点

解き方

❶ (1) 0 より小さい(低い)数には「－」をつけて表します。
(2)～(4)「－」には「反対の意味を表す」働きがあります。これを利用して考えます。
例「－○個少ない」＝「○個多い」

❷ 負の数は絶対値が大きいほど小さくなります。負の数の小数や分数の大小比較に注意して考えましょう。

❸ 加法と減法の混じった式は，かっこを省いた式で表し，正の項の和，負の項の和をそれぞれ求め，計算します。
(1) $(-4)+(-5)=-4-5$
$=-9$
(2) $(-11)-(-27)=-11+27$
$=16$
(3) $5.7+(-6.2)=5.7-6.2$
$=-0.5$
(4) $-\dfrac{1}{6}+\left(-\dfrac{4}{9}\right)-\dfrac{2}{3}=-\dfrac{1}{6}-\dfrac{4}{9}-\dfrac{2}{3}$
$=-\dfrac{3}{18}-\dfrac{8}{18}-\dfrac{12}{18}$
$=-\dfrac{23}{18}$
(5) $-8+6-4-5=6-17$
$=-11$

(6) $15+(-35)-48-(-29)$

$=15-35-48+29$

$=44-83$

$=-39$

❹ 乗法と除法の混じった式は，乗法だけの式になおし，計算結果の符号を決めてから計算します。
また，四則をふくむ式の計算は，指数のある部分→かっこの中→乗法・除法→加法・減法の順に計算します。

(3) $(-4)\times6\div(-3)=(-4)\times6\times\left(-\frac{1}{3}\right)$

$=\frac{4\times6}{3}$

$=8$

(4) $14\div\left(-\frac{1}{2}\right)\div(-7)=14\times(-2)\times\left(-\frac{1}{7}\right)$

$=\frac{14\times2}{7}$

$=4$

(5) $(-2^3)\times(-3)^2=(-8)\times9$

$=-72$

(6) $\left(\frac{2}{5}\right)^2\div\left(-\frac{4}{15}\right)=\frac{4}{25}\times\left(-\frac{15}{4}\right)$

$=-\frac{3}{5}$

(7) $(-3)\times\{-4-(-7)\}+11$

$=(-3)\times(-4+7)+11$

$=(-3)\times3+11$

$=-9+11=2$

(8) $-7+3\div(-2+4)=-7+3\div2$

$=-7+\frac{3}{2}$

$=-\frac{14}{2}+\frac{3}{2}$

$=-\frac{11}{2}$

❺ まず，4 つの数がそろっているところの和を求めます。
$7+6+(-8)+(-6)=13+(-14)=-1$
次に，3 つの数が示されているところ(㋐や㋑や㋓や㋕)を求めます。例えば，
㋐ $=-1-\{7+6+(-9)\}=-1-4=-5$ と求めることができます。この手順をくり返し，残りの㋒や㋔を求めます。

❻ (1) 3 より小さい絶対値は 2，1，0 なので，-2，-1，0，1，2 の 5 個あります。

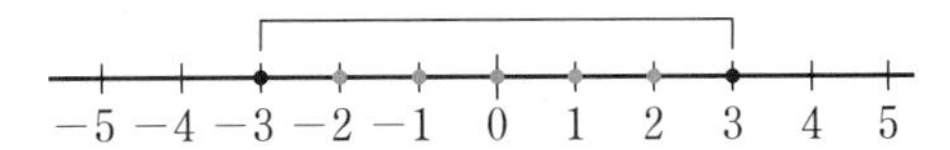

(2) $\frac{11}{3}=3\frac{2}{3}$ なので，絶対値が 3，2，1，0 の数を考えます。

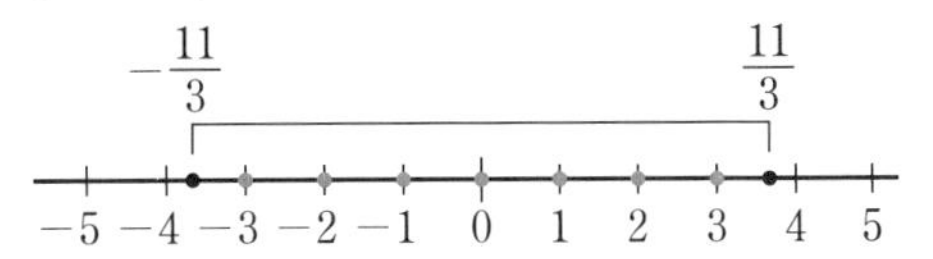

❼ 小さい素数で順にわっていき，結果は素数だけの積で表します。

2) 540
2) 270
3) 135
3) 45
3) 15
5

❽ B の得点と目標点との違いから目標点を求めます。
(目標点)$=71-(-9)=71+9=80$(点)です。
これより，それぞれの得点と目標点との違いを求めます。
A の得点$=80+(-2)=80-2=78$
C の目標点との違い$=60-80=-20$
D の得点$=80+3=83$
E の目標点との違い$=98-80=+18$
(平均点)$=$(目標点)$+$(目標点との違いの平均)
で求められるので，
平均点は，
$80+\{(-2)+(-9)+(-20)+3+18\}\div5$
$=80+(-10)\div5$
$=80+(-2)$
$=78$(点)
別解 $(78+71+60+83+98)\div5=78$(点)
と求めてもよいです。

▶ 本文 p.13-14

2章 文字の式

1節 文字を使った式

p.13-14 Step 2

1 (1) $1000-a\times 3$(円)　(2) $a\times h$(cm^2)

解き方 どちらも単位のつけ忘れに注意しましょう。

(1) (おつり)＝(出した金額)－(代金)

(2) (平行四辺形の面積)＝(底辺)×(高さ)

2 (1) $-xy$　(2) a^4　(3) $6(b+c)$

(4) $\dfrac{5}{a}$　(5) $\dfrac{x-y}{4}$　(6) $5+2x$

(7) $-3b-\dfrac{c}{7}$　(8) $\dfrac{(a+b)h}{2}$

解き方 (1) 文字式の表し方

・かけ算の記号 × を省いて書きます。

➡(1), (3), (6)～(8)

例 $x\times y=xy$

・文字と数の積では，数を文字の前に書きます。

➡(1), (3), (6), (7)

例 $x\times 8=8x$

・同じ文字の積は，指数を使って書きます。

➡(2)

例 $x\times x\times x=x^3$

・わり算は，記号 ÷ を使わないで，分数の形で書きます。

➡(4), (5), (7), (8)

例 $x\div 7=\dfrac{x}{7}$

・文字と 1 や －1 の積のときは，1 を省いて書きます。

➡(1)

例 $x\times 1=x$, $x\times(-1)=-x$

3 (1) $7\times x\times x\times y$　(2) $(m+n)\div 5$

(3) $3\times(a+b)-c\div 6$

解き方 (2) 分数の形で表されている式を，÷ を使った式になおしたときには，かっこが必要になるときがあります。

4 (1) $5x-y$(円)

(2) $\dfrac{x}{5}$(km/h)

(3) $100a+10b+c$

(4) $\dfrac{9}{100}x$(円) または $0.09x$(円)

(5) $\dfrac{3}{10}y$(円) または $0.3y$(円)

解き方 (2) (速さ)＝$\dfrac{(道のり)}{(時間)}$ で表します。

(3) 例えば，234 は，$100\times 2+10\times 3+1\times 4$ と表せます。このことから，百の位が a，十の位が b，一の位が c である 3 けたの整数は，100 を a 個，10 を b 個，1 を c 個あわせた数と考えられます。

$100\times a+10\times b+1\times c=100a+10b+c$

(4) $9\%=\dfrac{9}{100}$ なので，$x\times\dfrac{9}{100}=\dfrac{9}{100}x$(円)

$9\%=0.09$ なので，$x\times 0.09=0.09x$(円) と表すこともできます。

(5) 7 割 $=\dfrac{7}{10}$ なので，$y\times\left(1-\dfrac{7}{10}\right)=\dfrac{3}{10}y$(円)

7 割 $=0.7$ なので，$y\times(1-0.7)=0.3y$(円) と表すこともできます。

5 (1) $4x-4$(個)

(2) (例) 4 すみの碁石を除いて考えると，1 辺には $x-2$(個) の碁石が並んでいることになる。辺は 4 つあるので $(x-2)\times 4$(個) の碁石がある。これに 4 すみの碁石 4 個を加えれば，$4(x-2)+4$(個) となる。

解き方 (1) 1 辺に x 個の碁石があるので，4 辺では，$x\times 4=4x$(個)

しかし，このままでは 4 すみの碁石を 2 回数えたことになるので，重複した分の 4 個をひけばよいです。よって，$4x-4$(個) という式になります。

(2) 図に表すと，下のようになります。

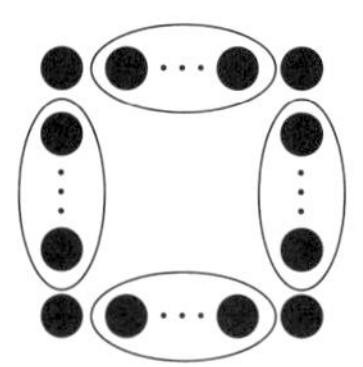

❻ (1) 12　(2) 2
(3) 3　(4) -16

解き方 (1) $-x+8=(-1)\times x+8$
$=(-1)\times(-4)+8$
$=12$

(2) $1-\frac{1}{4}x=1-\frac{1}{4}\times(-4)$
$=1+1$
$=2$

(3) $-\frac{12}{x}=(-12)\div x$
$=(-12)\div(-4)$
$=3$

(4) $-x^2=-(-4)^2$
$=-\{(-4)\times(-4)\}$
$=-16$

❼ (1) $\frac{1}{9}$　(2) 18

解き方 (1) $x^2=\left(-\frac{1}{3}\right)^2$
$=\left(-\frac{1}{3}\right)\times\left(-\frac{1}{3}\right)$
$=\frac{1}{9}$

(2) $-\frac{6}{x}=(-6)\div x$
$=(-6)\div\left(-\frac{1}{3}\right)$
$=(-6)\times(-3)$
$=18$

❽ (1) 13　(2) $-\frac{13}{3}$　(3) $\frac{1}{2}$

解き方 (1) $3a-2b=3\times3-2\times(-2)$
$=9+4$
$=13$

(2) $-\frac{7}{9}a+b=-\frac{7}{9}\times3+(-2)$
$=-\frac{7}{3}-2$
$=-\frac{13}{3}$

(3) $\frac{a+b}{2}=\frac{3+(-2)}{2}$
$=\frac{1}{2}$

2節 文字式の計算

p.16-17 Step 2

❶ (1) 項 a，$-6b$　aの係数 1
bの係数 -6

(2) 項 $\frac{x}{5}$，$-y$，3　xの係数 $\frac{1}{5}$
yの係数 -1

解き方 (1) $a=1\times a$，$-6b=(-6)\times b$ なので，
a の係数は 1，b の係数は -6 です。
(2) $\frac{x}{5}=\frac{1}{5}\times x$，$-y=(-1)\times y$ なので，x の係数は $\frac{1}{5}$，
y の係数は -1 です。

❷ (1) x　(2) $-9x-2$　(3) $-y-2$
(4) $a+10$　(5) $-8a+8$　(6) $10x$

解き方 文字の部分が同じ項どうし，数の項どうしをまとめます。

(1) $7x-9x+3x=(7-9+3)x$
$=x$

(2) $-6x+8-3x-10=-6x-3x+8-10$
$=(-6-3)x+8-10$
$=-9x-2$

(3) $-9y+4+8y-6=-9y+8y+4-6$
$=(-9+8)y+4-6$
$=-y-2$

(4) $6a+4+(-5a+6)=6a+4-5a+6$
$=6a-5a+4+6$
$=(6-5)a+4+6$
$=a+10$

(5) $-3a-(-8+5a)=-3a+8-5a$
$=-3a-5a+8$
$=(-3-5)a+8$
$=-8a+8$

(6) $5x-2-(-5x-2)=5x-2+5x+2$
$=5x+5x-2+2$
$=(5+5)x-2+2$
$=10x$

❸ (1) たす $8x+2$　　ひく $2x+6$

(2) たす $3x$,　　ひく $-11x+12$

解き方 かっこの前が － のときは，符号が変わることに注意します。

(1) $(5x+4)+(3x-2)=5x+4+3x-2$
$=5x+3x+4-2$
$=(5+3)x+4-2$
$=8x+2$

$(5x+4)-(3x-2)=5x+4-3x+2$
$=5x-3x+4+2$
$=(5-3)x+4+2$
$=2x+6$

(2) $(-4x+6)+(-6+7x)=-4x+6-6+7x$
$=-4x+7x+6-6$
$=(-4+7)x+6-6$
$=3x$

$(-4x+6)-(-6+7x)=-4x+6+6-7x$
$=-4x-7x+6+6$
$=(-4-7)x+6+6$
$=-11x+12$

❹ (1) $-24x$　　(2) $-25x$

(3) $8y$　　(4) $-10y$

解き方 (1) $3x\times(-8)=3\times(-8)\times x=-24x$

(2) $\frac{5}{9}x\times(-45)=\frac{5}{9}\times x\times(-45)$
$=\frac{5}{9}\times(-45)\times x$
$=-25x$

(3) $-24y\div(-3)=\frac{24y}{3}$
$=8y$

(4) $8y\div\left(-\frac{4}{5}\right)=8y\times\left(-\frac{5}{4}\right)$
$=8\times\left(-\frac{5}{4}\right)\times y$
$=-10y$

❺ (1) $12x-18$　　(2) $-10+45x$

(3) $4x+15$　　(4) $-2x+5$

(5) $-10a+25$　　(6) $21x+9$

解き方 (1) $3(4x-6)=3\times4x+3\times(-6)$
$=12x-18$

(2) $-5(2-9x)=-5\times2-5\times(-9x)$
$=-10+45x$

(3) $10\left(\frac{2}{5}x+\frac{3}{2}\right)=10\times\frac{2}{5}x+10\times\frac{3}{2}$
$=4x+15$

(4) $(4x-10)\div(-2)=-\frac{4x}{2}+\frac{10}{2}$
$=-2x+5$

(5) $(6a-15)\div\left(-\frac{3}{5}\right)=(6a-15)\times\left(-\frac{5}{3}\right)$
$=-10a+25$

(6) $\frac{7x+3}{2}\times6=(7x+3)\times3$
$=21x+9$

❻ (1) $4x-12$　　(2) $18y-11$

(3) 31　　(4) $-2x+18$

解き方 (1) $x-6+3(x-2)=x-6+3x-6$
$=x+3x-6-6$
$=4x-12$

(2) $5(2y+1)-8(2-y)=10y+5-16+8y$
$=10y+8y+5-16$
$=18y-11$

(3) $4(3x+4)-3(4x-5)=12x+16-12x+15$
$=12x-12x+16+15$
$=31$

(4) $6\left(\frac{1}{3}x+2\right)-4\left(x-\frac{3}{2}\right)=2x+12-4x+6$
$=2x-4x+12+6$
$=-2x+18$

❼ (1) $10a+100b=c$　(2) $5x+4=8x-y$
(3) $x+7>10$　(4) $a-3 \geqq 10$

解き方 等号 ＝ を使って，2 つの数量が等しいことを表した式を等式といいます。
また，不等号を使って，2 つの数量の大小関係を表した式を不等式といいます。等号，不等号の左側の式を左辺，右側の式を右辺，その両方をあわせて両辺といいます。不等式の関係をしっかり理解しましょう。

「より小さい，未満」➡ ＜
「より大きい」➡ ＞
「以下」➡ ≦
「以上」➡ ≧

(2) 実際にあるカードの枚数を考えます。
5 枚ずつ配ると，4 枚余る。
➡実際にあるカードの枚数は，
(配った枚数)＋(余った枚数)
なので，$5x+4$(枚)と表されます。
8 枚ずつ配ろうとすると，y 枚たりない。
➡実際にあるカードの枚数は，
(配るのに必要な枚数)－(たりない枚数)
なので，$8x-y$(枚)と表されます。
(3)「より大きい」はその数をふくまないので，使う不等号は「＞」です。
(4)「以上」はその数をふくむので，使う不等号は「≧」です。

❽ (例)りんご 3 個とみかん 5 個の代金の合計が，1000 円以下であること

解き方 式の両辺が，それぞれどんな数量を表しているか考えます。
(左辺)$3a=a\times3$ →りんご 3 個の代金
$5b=b\times5$ →みかん 5 個の代金
$3a+5b$ は，りんご 3 個とみかん 5 個の代金の合計を表しています。「≦」は「以下」を表す不等号です。

p.18-19 Step 3

❶ (1) x　(2) $-5ab$　(3) $-a^2$　(4) $\dfrac{m-n}{3}$
(5) $20n+30$　(6) $-4x-\dfrac{6}{y}$

❷ (1) $3\times x\times y$　(2) $-6\times a\times b\times b$　(3) $2\div x$
(4) $(x-y)\div2$　(5) $7\times a-8\times b$
(6) $5\div x+4\times(y+z)$

❸ (1) 9　(2) 1　(3) 25

❹ (1) 項 $2x$，$-4y$　x の係数 2　y の係数 -4
(2) 項 $-\dfrac{a}{3}$，b，-6　a の係数 $-\dfrac{1}{3}$　b の係数 1

❺ (1) $-a-3$　(2) $\dfrac{2}{3}x-4$　(3) $-5x+1$
(4) $5x-10$　(5) $-4x+14$　(6) $6y-9$
(7) $-8x+30$　(8) $-y-13$

❻ (1) $\dfrac{x}{10}$(円)　(2) $\dfrac{x+y}{2}$　(3) $100a-b$(cm)

❼ (1) $\dfrac{ab}{2}$(cm^2)　(2) x^2(cm^2)

❽ (1) $200x+6y=1400$　(2) $\dfrac{x}{60}=y$
(3) $2(x+y)>70$

解き方

❶ 文字式の表し方
① かけ算の記号 × を省いて書く。
② 文字と数の積では，数を文字の前に書く。
③ 同じ文字の積は，指数を使って書く。
④ わり算は，記号 ÷ を使わないで，分数の形で書く。
上の ①～④ にしたがって考えます。

❷ (4) $\dfrac{x-y}{2}=(x-y)\div2$ のように，÷ を使って表したときに，かっこが必要になるものがあるので，注意しましょう。

❸ 式の値を求めるときは，計算ミスをしないために，かならず数を代入した式を書きましょう。
(1) $4x-3=4\times3-3=12-3=9$
(2) $-a^3=-(-1)^3=-\{(-1)\times(-1)\times(-1)\}$
$=-(-1)=1$
(3) $-x+5y=-(-5)+5\times4=5+20=25$

❹ 式を ＋，－ の前で区切り，項に分けます。文字をふくむ項で文字の前の数が係数です。

(2) $-\dfrac{a}{3}=-\dfrac{1}{3}\times a$，$b=1\times b$ なので，a の係数は $-\dfrac{1}{3}$，b の係数は 1 です。

❺ (2) $x+3-\left(\dfrac{x}{3}+7\right)=x+3-\dfrac{x}{3}-7$

$=x-\dfrac{x}{3}+3-7$

$=\dfrac{2}{3}x-4$

(3) $-(2x-7)-(3x+6)=-2x+7-3x-6$

$=-2x-3x+7-6$

$=-5x+1$

(4) $100(0.05x-0.1)=100\times0.05x-100\times0.1$

$=5x-10$

(5) $\dfrac{2x-7}{3}\times(-6)=(2x-7)\times(-2)$

$=-4x+14$

(6) $(4y-6)\div\dfrac{2}{3}=(4y-6)\times\dfrac{3}{2}$

$=6y-9$

(7) $4(x+3)-3(4x-6)=4x+12-12x+18$

$=4x-12x+12+18$

$=-8x+30$

(8) $\dfrac{1}{3}(3y-9)-2(y+5)=y-3-2y-10$

$=y-2y-3-10$

$=-y-13$

❻ (1) 10 冊で x 円なので，1 冊あたりの代金は，$x\div10=\dfrac{x}{10}$(円)と表します。単位が必要なときは，つけ忘れないように注意します。

(2) 和の半分なので，$(x+y)\div2=\dfrac{x+y}{2}$ と表します。

(3) 単位をそろえる必要があります。
1m＝100cm なので，am＝$100a$cm です。
残りの長さなので，$100a-b$(cm) と表します。
別解 $a-\dfrac{b}{100}$ (m)

❼ (1) (ひし形の面積)＝(対角線)×(対角線)÷2 なので，$a\times b\div2=\dfrac{ab}{2}$ (cm²) となります。

(2) (正方形の面積)＝(1 辺)×(1 辺)なので，$x\times x=x^2$(cm²) となります。

❽ (1) (代金の合計)$=200\times x+y\times6$

$=200x+6y$(円)

これが 1400 円なので，$200x+6y=1400$

(2) (時間)＝$\dfrac{(道のり)}{(速さ)}$ なので，$\dfrac{x}{60}=y$ となります。

(3) (兄と弟の体重の和)＝$x+y$(kg) です。これの 2 倍が父の体重 70kg よりも重いので，$2(x+y)>70$ となります。不等号の向きに注意しましょう。

3章 方程式

1節 方程式

p.21-22 Step 2

❶ ㋑，㋒

解き方 x に -3 を代入して，左辺と右辺の値が等しくなるかどうかを調べます。

㋐左辺 $=-3+7=4$　右辺 $=0$

左辺と右辺が等しくないので，$x=-3$ は解ではありません。

㋑左辺 $=2\times(-3)=-6$　右辺 $=-6$

左辺と右辺が等しいので，$x=-3$ は解です。

㋒左辺 $=8+(-3)=5$

右辺 $=2\times(-3)+11=-6+11=5$

左辺と右辺が等しいので，$x=-3$ は解です。

❷ (1) $x=7$，② (2) $x=9$，①
(3) $x=-5$，④ (4) $x=24$，③

解き方 (1) $x+3-3=10-3$

$x=7$

(2) $x-2+2=7+2$

$x=9$

(3) $9x\div9=-45\div9$

$x=-5$

(4) $\dfrac{x}{3}\times3=8\times3$

$x=24$

注意

(1) 両辺に -3 をたすと考えると，①も正解です。

(2) 両辺から -2 をひくと考えると，②も正解です。

(3) 両辺に $\dfrac{1}{9}$ をかけると考えると，③も正解です。

(4) 両辺を $\dfrac{1}{3}$ でわると考えると，④も正解です。

❸ (1) $x=1$ (2) $x=7$
(3) $x=-6$ (4) $x=4$
(5) $x=-9$ (6) $y=4$

解き方 文字をふくむ項を左辺に，数の項を右辺に集め，$ax=b$ の形にして解きます。

(1) $5x+6=11$
$5x=11-6$ （6 を右辺に移項する。）
$5x=5$
$x=1$ （両辺を 5 でわる。）

(2) $2x=42-4x$
$2x+4x=42$ （$-4x$ を左辺に移項する。）
$6x=42$
$x=7$ （両辺を 6 でわる。）

(3) $3x-8=5x+4$
$3x-5x=4+8$ （-8 を右辺に，$5x$ を左辺に移項する。）
$-2x=12$
$x=-6$ （両辺を -2 でわる。）

(4) $13-6x=25-9x$
$-6x+9x=25-13$ （13 を右辺に，$-9x$ を左辺に移項する。）
$3x=12$
$x=4$ （両辺を 3 でわる。）

(5) $-7-3x=5x+65$
$-3x-5x=65+7$ （-7 を右辺に，$5x$ を左辺に移項する。）
$-8x=72$
$x=-9$ （両辺を -8 でわる。）

(6) $-4y+21=-7+3y$
$-4y-3y=-7-21$ （21 を右辺に，$3y$ を左辺に移項する。）
$-7y=-28$
$y=4$ （両辺を -7 でわる。）

4 (1) $x=\frac{1}{4}$　(2) $x=-2$

(3) $x=-\frac{5}{7}$　(4) $x=2$

解き方 かっこがある方程式は，まず，分配法則を使ってかっこをはずしてから解きます。

かっこをはずすときは，符号に注意しましょう。

(1) $4(x+2)=9$
$4x+8=9$ ← 分配法則を使って，かっこをはずす。
$4x=9-8$
$4x=1$
$x=\frac{1}{4}$ ← 両辺を 4 でわる。

(2) $-2(x+1)+3=5$
$-2x-2+3=5$ ← 分配法則を使って，かっこをはずす。
$-2x=5+2-3$
$-2x=4$
$x=-2$ ← 両辺を -2 でわる。

(3) $2x-(9x-3)=8$
$2x-9x+3=8$ ← 分配法則を使って，かっこをはずす。
$2x-9x=8-3$
$-7x=5$
$x=-\frac{5}{7}$ ← 両辺を -7 でわる。

(4) $-3(2x-4)=5(x-2)$
$-6x+12=5x-10$ ← 分配法則を使って，かっこをはずす。
$-6x-5x=-10-12$
$-11x=-22$
$x=2$ ← 両辺を -11 でわる。

5 (1) $x=-15$　(2) $x=8$

(3) $x=11$　(4) $y=-7$

解き方 分数をふくむ方程式は，両辺に分母の公倍数をかけて，分母をはらってから解きます。

(1) $\frac{4}{5}x-2=x+1$
$\left(\frac{4}{5}x-2\right)\times5=(x+1)\times5$ ← 両辺に 5 をかける。
$4x-10=5x+5$
$4x-5x=5+10$
$-x=15$
$x=-15$

(2) $\frac{1}{2}x-3=\frac{3}{4}x-5$
$\left(\frac{1}{2}x-3\right)\times4=\left(\frac{3}{4}x-5\right)\times4$ ← 両辺に 4 をかける。
$2x-12=3x-20$
$2x-3x=-20+12$
$-x=-8$
$x=8$

(3) $\frac{x-5}{3}=\frac{3+x}{7}$
$\frac{x-5}{3}\times21=\frac{3+x}{7}\times21$ ← 両辺に 21 をかける。
$(x-5)\times7=(3+x)\times3$
$7x-35=9+3x$
$7x-3x=9+35$
$4x=44$
$x=11$

(4) $\frac{2y-1}{6}=\frac{y+1}{4}-1$
$\frac{2y-1}{6}\times12=\left(\frac{y+1}{4}-1\right)\times12$ ← 両辺に 12 をかける。
$(2y-1)\times2=(y+1)\times3-12$
$4y-2=3y+3-12$
$4y-3y=3-12+2$
$y=-7$

6 (1) $x=3$　(2) $x=-9$

(3) $x=-2$　(4) $x=6$

解き方 (1)(2) 係数や数の項に小数をふくむ方程式は，両辺に 10(または 100 など)をかけて，整数になおしてから解きます。

(1) $0.7x-1.2=0.3x$
$(0.7x-1.2)\times10=0.3x\times10$ ← 両辺に 10 をかける。
$7x-12=3x$
$7x-3x=12$
$4x=12$
$x=3$

(2) $0.4x-1.7=1+0.7x$
$(0.4x-1.7)\times10=(1+0.7x)\times10$ ← 両辺に 10 をかける。
$4x-17=10+7x$
$4x-7x=10+17$
$-3x=27$
$x=-9$

(3)(4) 各項が 10 や 100 などの倍数のときは，両辺を 10 や 100 などでわって，式を簡単にしてから解きます。

(3) $500(x-6)=2000x$ 　両辺を 500 でわる。
$x-6=4x$
$x-4x=6$
$-3x=6$
$x=-2$

(4) $30(x-2)+40=160$ 　両辺を 10 でわる。
$3(x-2)+4=16$
$3x-6+4=16$
$3x=16+6-4$
$3x=18$
$x=6$

7 (1) $x=-\frac{2}{3}$ 　(2) $x=-6$
(3) $x=-5$ 　(4) $x=\frac{24}{7}$

解き方 (1)(2) 両辺に 100 をかけて，すべての項の係数を整数にしてから計算します。
(3)(4) 分母の最小公倍数を両辺にかけて，すべての項の係数を整数にしてから計算します。(3) では，分数の前の－の符号に注意しましょう。

(1) $0.12x=0.09x-0.02$ 　両辺に 100 をかける。
$12x=9x-2$
$12x-9x=-2$
$3x=-2$
$x=-\frac{2}{3}$

(2) $0.07(x-4)=0.1(x-1)$ 　両辺に 100 をかける。
$7(x-4)=10(x-1)$
$7x-28=10x-10$
$7x-10x=-10+28$
$-3x=18$
$x=-6$

(3) $\frac{x}{5}-\frac{x+3}{2}=0$ 　両辺に 10 をかける。
$\left(\frac{x}{5}-\frac{x+3}{2}\right)\times10=0$
$2x-(x+3)\times5=0$
$2x-5x-15=0$
$-3x=15$
$x=-5$

(4) $\frac{6+x}{3}-\frac{3}{4}x=\frac{1}{6}x$ 　両辺に 12 をかける。
$\left(\frac{6+x}{3}-\frac{3}{4}x\right)\times12=\frac{1}{6}x\times12$
$(6+x)\times4-9x=2x$
$24+4x-9x=2x$
$4x-9x-2x=-24$
$-7x=-24$
$x=\frac{24}{7}$

8 (1) $x=2$ 　(2) $x=\frac{14}{9}$
(3) $x=28$ 　(4) $x=24$

解き方 比例式は $a:b=c:d$ のとき，$ad=bc$ が成り立つことを利用して解きます。

(1) $x:3=4:6$
$6x=12$
$x=2$

(2) $9:2=7:x$
$9x=14$
$x=\frac{14}{9}$

(3) $12:\frac{3}{7}=x:1$
$\frac{3}{7}x=12$
$\frac{3}{7}x\times\frac{7}{3}=12\times\frac{7}{3}$
$x=28$

(4) $x:(x-6)=4:3$
$3x=4(x-6)$
$3x=4x-24$
$-x=-24$
$x=24$

2節 方程式の利用

p.24-25 **Step ❷**

❶ (1) $180x+140(15-x)=2220$

(2) なし 3 個，かき 12 個

解き方 (1) なしの個数は x 個なので，かきの個数は $(15-x)$ 個と表せます。なしの代金は $180x$(円)，かきの代金は $140(15-x)$(円)だから方程式は，

$180x+140(15-x)=2220$ ……①

(2) ①の方程式を解きます。両辺を 10 でわると，

$$18x+14(15-x)=222$$
$$18x+14\times15-14\times x=222$$
$$18x+210-14x=222$$
$$18x-14x=222-210$$
$$4x=12$$
$$x=3$$

なしの個数は 3 個なので，かきの個数は，

(かきの個数)$=15-3=12$(個)

なし 3 個とかき 12 個の代金の合計は，

$180\times3+140\times12=2220$(円)だから，$x=3$ は問題にあっています。

注意 方程式の解が，問題にあっているかどうかを調べましょう。

❷ (1) 3 本 $3x+9$(本)，5 本 $5x-5$(本)

(2) $3x+9=5x-5$

(3) 7 人

解き方 (1) 過不足に注意し，鉛筆の本数を 2 通りの式に表します。

(3) 方程式 $3x+9=5x-5$ を解きます。

$$3x+9=5x-5$$
$$3x-5x=-5-9$$
$$-2x=-14$$
$$x=7$$

生徒の人数は 7 人なので，鉛筆の本数は，3 本ずつ分けると 9 本余るので，

(鉛筆の本数)$=3\times7+9=30$(本)

また，5 本ずつ分けると，5 本たりないので，

(鉛筆の本数)$=5\times7-5=30$(本)

だから，$x=7$ は問題にあっています。

❸ (1) 歩き $\dfrac{x}{4}$(時間)，自転車 $\dfrac{x}{20}$(時間)

(2) $\dfrac{x}{4}=\dfrac{x}{20}+\dfrac{18}{60}$　(3) $\dfrac{3}{2}$ km

解き方 (1) (時間)$=\dfrac{(道のり)}{(速さ)}$ です。時速 4km で歩いて行くときにかかる時間は $\dfrac{x}{4}$ 時間，時速 20km の自転車で行くときにかかる時間は $\dfrac{x}{20}$ 時間です。

(2) 方程式をつくるときには，単位をそろえることが必要です。18 分$=\dfrac{18}{60}$ 時間です。

歩いて行くと，自転車で行くよりも 18 分多くかかることから方程式をつくります。

(3) 方程式 $\dfrac{x}{4}=\dfrac{x}{20}+\dfrac{18}{60}$ の両辺に 60 をかけて，

$$15x=3x+18$$
$$15x-3x=18$$
$$12x=18$$
$$x=\frac{3}{2}$$

この解は問題にあっています。

❹ (1) $6x+8=7(x-1)+3$

(2) 箱 12 箱，ドーナツ 80 個

解き方 (1) ドーナツの個数を 2 通りの式に表します。6 個ずつつめると 8 個余るので，$6x+8$(個)，7 個ずつつめると 7 個はいった箱は $(x-1)$ 箱できるので，$7(x-1)+3$(個)となります。

(2) 方程式 $6x+8=7(x-1)+3$ を解きます。

$$6x+8=7\times x-7\times1+3$$
$$6x+8=7x-7+3$$
$$x=12$$

この解は問題にあっています。

参考 (ドーナツの個数)$=6\times12+8=80$(個)

(ドーナツの個数)$=7\times(12-1)+3=80$(個)

❺ 3 年前

解き方 今から x 年後に 4 倍になるとします。

$$43+x=4(13+x)$$
$$43+x=52+4x$$
$$x-4x=52-43$$
$$x=-3$$

この解は問題にあっています。

注意後を「＋」としているので，-3 は「3 年前」を表します。

❻ 40km

解き方 A 市から B 市までの道のりを $x$km とすると，B 市から C 市までの道のりは，$(100-x)$km です。

時速 40km で行くときにかかる時間は $\frac{x}{40}$ 時間，時速 30km で行くときにかかる時間は $\frac{100-x}{30}$ 時間で，全体で 3 時間かかったことから方程式をつくります。

方程式 $\frac{x}{40}+\frac{100-x}{30}=3$ の両辺に 120 をかけて，

$3x+4(100-x)=360$

$3x+400-4x=360$

$-x=-40$

$x=40$

この解は問題にあっています。

❼ (1) $130x=80(5+x)$

(2) 8分後

解き方 (1) 追いつくということは 2 人の進んだ道のりが等しくなるということです。

妹が家を出発してから x 分後に姉に追いつくとすると，妹の走った時間は x 分，姉の進んだ時間は $(5+x)$ 分なので，妹の走った道のりは $130x$ m，姉の進んだ道のりは $80(5+x)$m となります。

(2) 方程式 $130x=80(5+x)$ を解きます。両辺を 10 でわると，

$13x=8(5+x)$

$13x=8\times5+8\times x$

$13x=40+8x$

$x=8$

この解は問題にあっています。

❽ 96g

解き方 砂糖を xg 混ぜるとして，(いちごの重さ)：(砂糖の重さ) で比例式をつくります。

$75:20=360:x$

$75x=20\times360$

$x=96$

この解は問題にあっています。

p.26-27 Step 3

❶ (1) $x=\frac{1}{2}$ (2) $x=-10$ (3) $x=6$ (4) $x=-8$

(5) $x=-4$ (6) $x=0$ (7) $x=\frac{9}{4}$ (8) $x=-19$

(9) $x=50$ (10) $x=1$ (11) $x=-8$ (12) $x=90$

❷ (1) $x=16$ (2) $x=15$

❸ 7

❹ 240 円

❺ 30mL

❻ (1) $320(x-15)=80x$ (2) 午前 10 時 20 分

❼ 人数 32 人 費用 20000 円

❽ A の個数 9 個 B の個数 6 個

解き方

❶ 一次方程式を解く手順

① かっこをはずしたり，分母をはらったりする。

② 文字の項を一方の辺に，数の項を他方の辺に移項して集める。

③ $ax=b$ の形にする。

④ 両辺を x の係数 a でわる。

❷ 比例式では，外側の項の積と内側の項の積は等しいです。

$a:b=c:d$ ならば，$ad=bc$

(1) $4:7=x:28$

$7x=112$

$x=16$

(2) $x:(x-3)=5:4$

$4x=5(x-3)$

$4x=5x-15$

$-x=-15$

$x=15$

❸ 方程式の解が -3 なので，方程式の x に -3 を代入して，□を y とし，y の値を求めます。

$9\times(-3)+y=1+7\times(-3)$

$-27+y=1-21$

$y=1-21+27$

$y=7$

❹ 2人が出しあった金額をx円とします。プレゼントを買ったあとの姉の所持金は，$1170-x$(円)，妹の所持金は，$550-x$(円)です。
姉の所持金は，妹の所持金の3倍になることから，方程式をつくります。
$1170-x=3(550-x)$
$1170-x=1650-3x$
$-x+3x=1650-1170$
$2x=480$
$x=240$
$x=240$は問題にあっています。方程式の解が，問題にあっているかどうかを調べましょう。

❺ コーヒーと牛乳を，それぞれxmLずつ増やすとします。コーヒーは$120+x$(mL)に，牛乳は$30+x$(mL)に増えることから，方程式をつくります。方程式は，比例式の性質を使って解きます。
$(120+x):(30+x)=5:2$
$2(120+x)=5(30+x)$
$240+2x=150+5x$
$-3x=-90$
$x=30$
$x=30$は問題にあっています。

❻ (1) 追いつくということは2人の進んだ道のりが等しくなるということです。
兄が家を出発してからx分後に弟が兄に追いつくとすると，兄が歩いた時間はx分，弟が自転車に乗って追いかけた時間は$(x-15)$分なので，兄の歩いた道のりは$80x$m，弟の進んだ道のりは$320(x-15)$mとなります。
(2) 方程式$320(x-15)=80x$を解きます。両辺を80でわると，
$4(x-15)=x$
$4x-60=x$
$3x=60$
$x=20$
$x=20$は問題にあっています。
参考 かっこをはずす前に，両辺を80でわると，そのあとの計算が楽になります。

❼ 過不足に注意し，クラス会の費用を2通りの式に表します。
クラスの生徒の人数をx人とします。
クラスの費用は，1人500円ずつ集めると4000円不足するので，$500x+4000$(円)，1人700円ずつ集めると2400円余るので，$700x-2400$(円)となります。
方程式$500x+4000=700x-2400$を解きます。
両辺を100でわると，
$5x+40=7x-24$
$5x-7x=-24-40$
$-2x=-64$
$x=32$
$x=32$は問題にあっています。
参考 クラス会の費用は，
$500\times32+4000=20000$(円)

❽ 最初に買う予定であった菓子Aの個数をx個とすると，菓子Bの個数は$15-x$(個)と表せます。このとき，菓子Aの代金は$80x$(円)，菓子Bの代金は$120(15-x)$(円)です。
ところが，2種類の菓子の個数をとり違えて買ったため，菓子Bの個数がx個，菓子Aの個数が$15-x$(個)となり，菓子Aの代金は$80(15-x)$(円)，菓子Bの代金は$120x$(円)となります。
間違えて買ったとき，予定よりも代金が120円高くなったことから方程式をつくります。
$80x+120(15-x)+120=80(15-x)+120x$
両辺を10でわって，
$8x+12(15-x)+12=8(15-x)+12x$
$8x+180-12x+12=120-8x+12x$
$-8x=-72$
$x=9$
$x=9$は問題にあっています。
これより，菓子Bの個数は，$15-9=6$(個)
参考 かっこをはずす前に，両辺を10でわると，そのあとの計算が楽になります。40でわってもよいです。

4章 変化と対応

1節 関 数　2節 比 例

p.29-31　Step 2

❶ ㋐, ㋒, ㋓

解き方 ともなって変わる2つの変数 x, y があり, x の値を決めると, それに対応して y の値がただ1つに決まるとき, y は x の関数であるといいます。

㋐横の長さが4cmなので, 縦の長さが決まれば, 長方形の面積は1つに決まります。

㋑年齢が決まっても, 身長は個人個人で異なるので, 関数とはいえません。

㋒時速が6kmなので, 歩く時間が決まれば, 進む道のりは1つに決まります。

㋓全校生徒が450人なので, 男子の人数が決まれば, 女子の人数は1つに決まります。

❷ (1) $x<2$　(2) $-4<x\leqq-1$

(3) $0\leqq x<7$

解き方 変数のとる値の範囲を, 変域といいます。変域は不等号を使って表します。変域を表すときには, その数をふくむかどうかに注意します。

・以上, 以下➡その数をふくみます。

・より大きい, より小さい, 未満
➡その数をふくみません。

・ことばと不等号の対応は次の通りです。
「以上」,「以下」➡ ≧, ≦
「より大きい」,「より小さい・未満」➡ ＞, ＜

❸ (1) (順に) $y=200x$, ○, 200

(2) (順に) $y=500-80x$, ×

(3) (順に) $y=25x$, ○, 25

解き方 $y=ax$ で表されるとき, y は x に比例します。

(1) (代金)＝(単価)×(個数)です。

(2) (おつり)＝(出した金額)－(代金の合計)です。

(3) (平行四辺形の面積)＝(底辺)×(高さ)です。

❹ ㋐ 24　㋑ 0

解き方 $y=ax$ に, $x=4$, $y=-8$ を代入して, a の値を求めると,

$-8=a\times4$

$a=-2$

よって, $y=-2x$ になります。

$y=-2x$ に, $x=-12$ を代入すると,

$y=-2\times(-12)=24$

だから, ㋐は24です。

$y=-2x$ に, $y=0$ を代入すると,

$0=-2x$, $x=0$

だから, ㋑は0です。

❺ (1) ㋐ -35　㋑ -5　㋒ 10　㋓ 75

(2) $y=5x$

(3) $-8\leqq x\leqq16$

解き方 (2) x の値が2倍, 3倍, 4倍, ……になると y の値も2倍, 3倍, 4倍, ……と増加するので y は x に比例します。

$\frac{y}{x}=5$ より, $y=5x$

(3) 現在の水位を基準0cmとすると, 水位が -40cmであるのは, $-40\div5=-8$ より, 8分前です。

また, 満水までの水位が80cmなので, $80\div5=16$ より, 16分後です。

❻ (1) $y=3x$　(2) $y=-4x$

(3) $y=8x$

解き方 y が x に比例するので, 比例定数を a とすると, $y=ax$ と表すことができます。この式に, x, y の値を代入して, a の値を求めます。

(1) $12=a\times4$

$a=3$

(2) $28=a\times(-7)$

$a=-4$

(3) $-40=a\times(-5)$

$a=8$

▶ 本文 p.30-31

❼

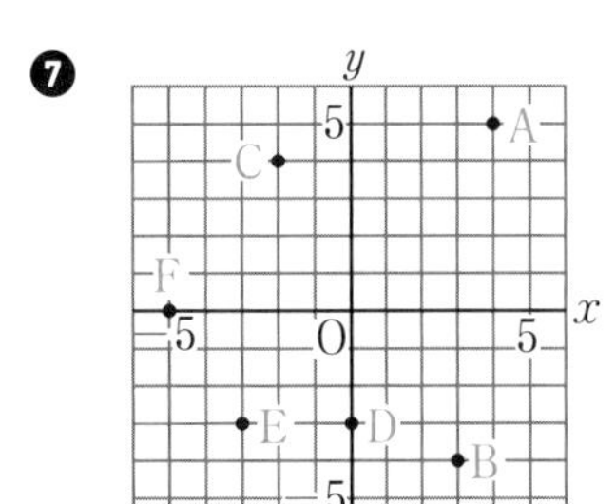

解き方

A(4, 5) は，原点から右へ 4，上へ 5 だけ進んだところにある点を表します。

A(4, 5)
x 座標
y 座標

B(3, −4) は，原点から右へ 3，下へ 4 だけ進んだところにある点を表します。

C(−2, 4) は，原点から左へ 2，上へ 4 だけ進んだところにある点を表します。

D(0, −3) は，原点から下へ 3 だけ進んだところにある点を表します。x 座標が 0 なので，y 軸上にあることに注意しましょう。

E(−3, −3) は，原点から左へ 3，下へ 3 だけ進んだところにある点を表します。

F(−5, 0) は，原点から左へ 5 だけ進んだところにある点を表します。y 座標が 0 なので，x 軸上にあることに注意しましょう。

❽ G(2，3)　　H(0，4)　　I(4，−5)
J(−4，2)　　K(−5，−3)　L(−2，0)

解き方 各点から，x 軸，y 軸に垂直にひいた直線が，軸と交わる点の目盛りを読み取ります。

点 G では，x 軸の正の方向に 2，y 軸の正の方向に 3 だけ動いた位置にあるから，座標は (2, 3) となります。

❾ (1) 負の数　　(2) $y=-\dfrac{3}{5}x$

解き方 (1) 比例の式で，x の値が増加したとき，

・y の値が増加するならば，
　比例定数は正で，グラフは右上がり。

・y の値が減少するならば，
　比例定数は負で，グラフは右下がり。

(2) 比例の式 $y=ax$ に，$x=-5$，$y=3$ を代入して，a を求めます。

$3=a\times(-5)$ より，$a=-\dfrac{3}{5}$

❿

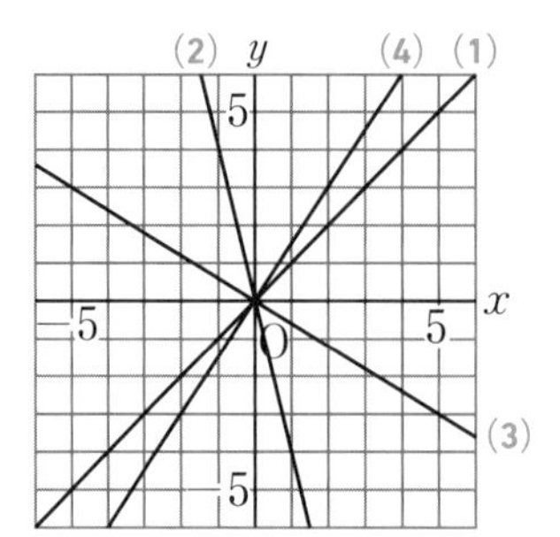

解き方 比例の関係 $y=ax$ のグラフは，原点を通る直線です。x 座標，y 座標がともに整数であるような 1 点を選び，その点と原点を直線で結びます。

(1) (5, 5) などと原点を結びます。

(2) (1, −4) などと原点を結びます。

(3) (5, −3) などと原点を結びます。

(4) (2, 3) などと原点を結びます。

参考 (1) では，原点からできるだけ離れたところにもう 1 つの点をとると，より正確なグラフがかけます。

⓫ (1) ㋐　　(2) ㋒

(3) $y=-x$　　(4) $y=\dfrac{1}{3}x$

解き方 (1) グラフから，点 (−4, 2) を通る直線を読み取ると㋐です。

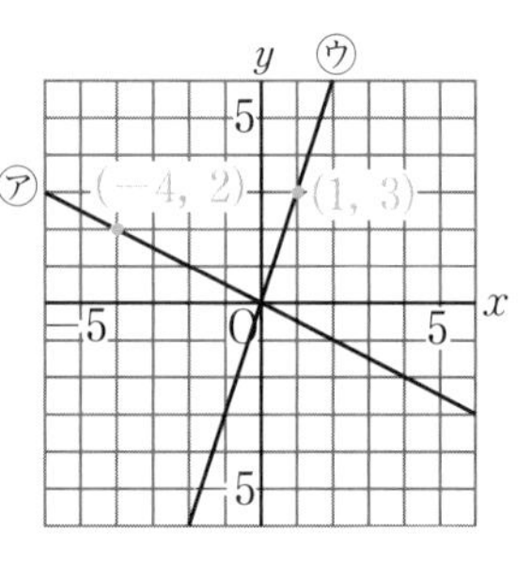

(2) $y=3x$ なので，$x=1$ のとき $y=3$ となります。

よって，$y=3x$ のグラフは，原点と点 (1, 3) を通る直線で，㋒になります。

(3) 点 (1, −1) を通るので，$y=ax$ に $x=1$，$y=-1$ を代入します。

$-1=a\times1$

$a=-1$

よって，求める式は $y=-x$ となります。

(4) 点 (3, 1) を通るので，$y=ax$ に $x=3$，$y=1$ を代入します。

$1=a\times3$

$a=\dfrac{1}{3}$

よって，求める式は $y=\dfrac{1}{3}x$ となります。

3 節 反比例　4 節 比例，反比例の利用

p.33-35　**Step 2**

❶ (1) (順に) $y=\dfrac{48}{x}$，○，48

(2) (順に) $y=500-x$，×

(3) (順に) $y=\dfrac{10}{x}$，○，10

解き方 $y=\dfrac{a}{x}$ で表されるとき，y は x に反比例します。

(1) (底辺)×(高さ)÷2＝(三角形の面積)なので，

$x\times y\div 2=24$

$xy=48$

$y=\dfrac{48}{x}$

(2) (残りの量)＝(もとの量)－(飲んだ量)です。

(3) (時間)＝$\dfrac{(道のり)}{(速さ)}$ です。

❷ (1) $y=\dfrac{9}{x}$　(2) $y=\dfrac{6}{x}$　(3) $y=-\dfrac{5}{x}$

解き方 y が x に反比例するので，比例定数を a とすると，$y=\dfrac{a}{x}$ と表すことができます。この式に，x，y の値を代入して，a の値を求めます。

(1) $-3=\dfrac{a}{-3}$ より，$a=9$

(2) $4=\dfrac{a}{1.5}$ より，$a=6$

(3) $\dfrac{5}{6}=\dfrac{a}{-6}$ より，$a=-5$

❸ (1) $y=-\dfrac{48}{x}$　(2) $y=6$

解き方 (1) 反比例の式 $y=\dfrac{a}{x}$ に x，y の値を代入して比例定数 a を求めます。

$-12=\dfrac{a}{4}$ より，$a=-48$

(2) $y=-\dfrac{48}{x}$ に，$x=-8$ を代入して，y の値を求めます。

$y=-\dfrac{48}{-8}$ より，$y=6$

❹

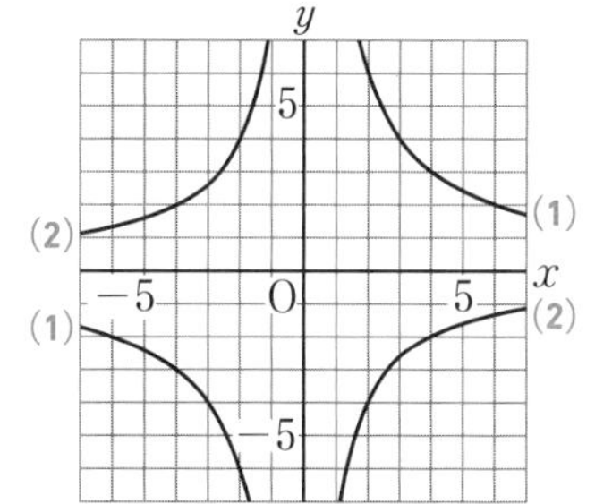

解き方 $y=\dfrac{a}{x}$ のグラフは，双曲線とよばれる曲線になります。

(1) 点 (2，6)，(3，4)，(4，3)，(6，2) をとって，$x>0$ の部分のグラフをかきます。

次に，点 (−2，−6)，(−3，−4)，(−4，−3)，(−6，−2) をとって，$x<0$ の部分のグラフをかきます。

(2) 点 (2，−4)，(4，−2) をとって，$x>0$ の部分のグラフをかきます。

次に，点 (−2，4)，(−4，2) をとって，$x<0$ の部分のグラフをかきます。

❺ (1) 10　(2) $y=-\dfrac{4}{x}$

解き方 (1) ① のグラフは点 (2，5) を通ることから，

$y=\dfrac{a}{x}$ に $x=2$，$y=5$ を代入して，a の値を求めると，

$5=\dfrac{a}{2}$ より，$a=10$

(2) ② のグラフは点 (4，−1) を通ることから，

$y=\dfrac{a}{x}$ に $x=4$，$y=-1$ を代入して，a の値を求めると，

$-1=\dfrac{a}{4}$ より，$a=-4$

よって，$y=-\dfrac{4}{x}$ となります。

❻ (1) ① $y=\frac{3}{5}x$　　② $y=\frac{15}{x}$

(2) $(-5,\ -3)$

(3) $m=-\frac{5}{2}$

(4) $\frac{6}{5} \leqq y \leqq 3$

解き方 (1) ① のグラフは，比例のグラフで，

点 $(5,\ 3)$ を通るので，比例定数は $\frac{3}{5}$ です。

② のグラフは反比例のグラフで，点 $(5,\ 3)$ を通るので，比例定数は 15 です。

(2) 点 Q から，x 軸，y 軸に垂直にひいた直線が，軸と交わる点の目盛りを読み取ります。

(3) 点 R は ② のグラフ上にあるので，$y=\frac{15}{x}$ に

$y=-6$ を代入して，x の値(m の値)を求めます。

(4) $y=\frac{3}{5}x$ に $x=2$ を代入して，$y=\frac{6}{5}$

また，$x=5$ のとき，$y=3$ です。

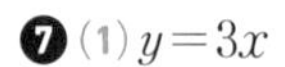

❼ (1) $y=3x$

(2) $0 \leqq x \leqq 3$

(3) (右の図の実線部分)

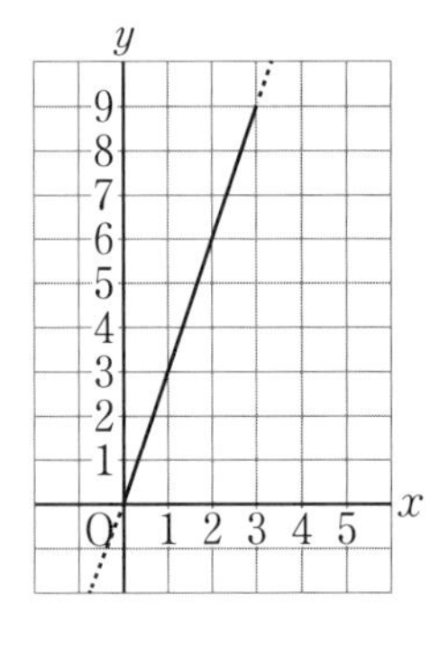

解き方 (1) (道のり)＝(速さ)×(時間)なので，式は，$y=3x$ となります。

(2) A 地点から B 地点に着くまでにかかる時間は 3 時間だから，x の変域は，$0 \leqq x \leqq 3$ です。

(3) 変域の部分を，実線で表します。

❽ (例)針金 1m の重さをはかり，その値で，輪になったままの針金全体の重さをわって，長さを調べている。

解き方 針金 1m の重さを ag とすると，針金 xm の重さ yg は長さに比例するので，$y=ax$ と表すことができます。

❾ (1) $y=\frac{5}{3}x$　　(2) $\frac{50}{3}$ cm

解き方 (1) 直方体の水そうに毎分一定の割合で水を入れていくとき，水の深さ $y$cm は入れた時間 x 分に比例します。

$y=ax$ に $x=3$，$y=5$ を代入し，比例定数 a を求めると，$a=\frac{5}{3}$

よって，$y=\frac{5}{3}x$ となります。

(2) $y=\frac{5}{3}x$ に，$x=10$ を代入して，

$y=\frac{5}{3}\times 10=\frac{50}{3}$ (cm) になります。

❿ (1) $y=5x$　　(2) $0 \leqq x \leqq 15$

解き方 (1) (三角形の面積)＝(底辺)×(高さ)÷2 なので，$y=x\times 10\div 2$ より，$y=5x$ となります。

(2) 点 P は B から C まで進みます。

点 P が B にあるとき，$x=0$

点 P が C にあるとき，$x=15$

よって，x の変域は，$0 \leqq x \leqq 15$ になります。

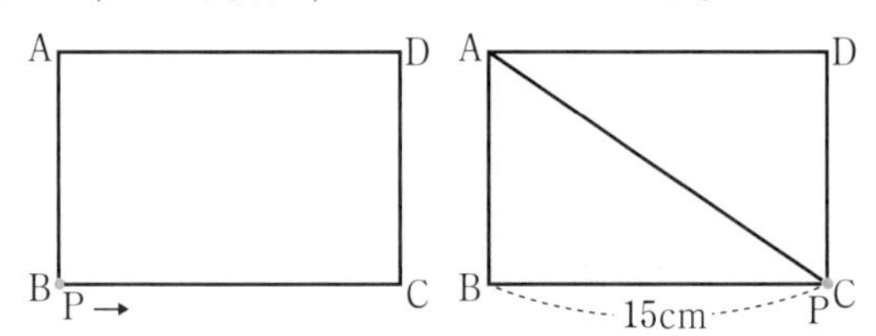

⓫ (1) 式 $y=\frac{600}{x}$，枚数 120 枚

(2) 15 人

解き方 (1) (1人あたりのはる枚数)＝$600\div x$ だから，

x と y の間には，$y=\frac{600}{x}$ (または $xy=600$) という関係が成り立ちます。

これに，$x=5$ を代入して，$y=120$ です。

(2) y は x に反比例するので，y の値を $\frac{1}{3}$ 倍にするには，x の値を 3 倍にすればよいです。

参考 1 人あたりのはる枚数は，$120\times\frac{1}{3}=40$ (枚)

$y=40$ を $y=\frac{600}{x}$ に代入して，$40=\frac{600}{x}$

$x=15$ より，15 人となります。

p.36-37 Step 3

❶ ⑴ $x \leqq -4$ ⑵ $-1 \leqq x < 5$ ⑶ $x > 3$

❷ 比例 ㊁ 反比例 ㋑

❸ ⑴ ㋐ ⑵ ㋒, ㊁ ⑶ ㊁

❹ ⑴ A$(3, -5)$ B$(-3, 0)$

⑵ ㋐ $y = -\dfrac{1}{2}x$ ㋑ $y = \dfrac{6}{x}$

❺

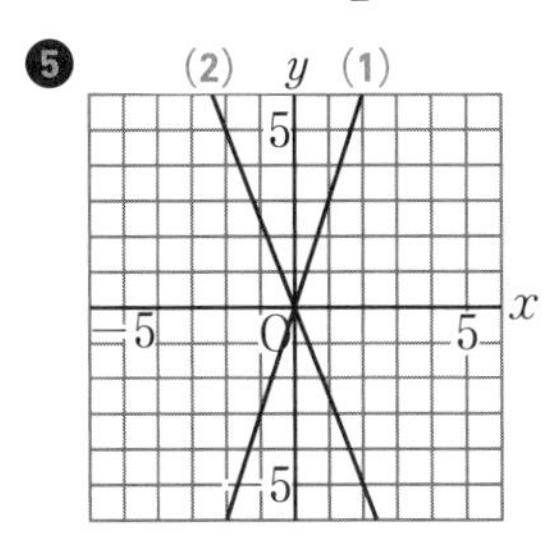

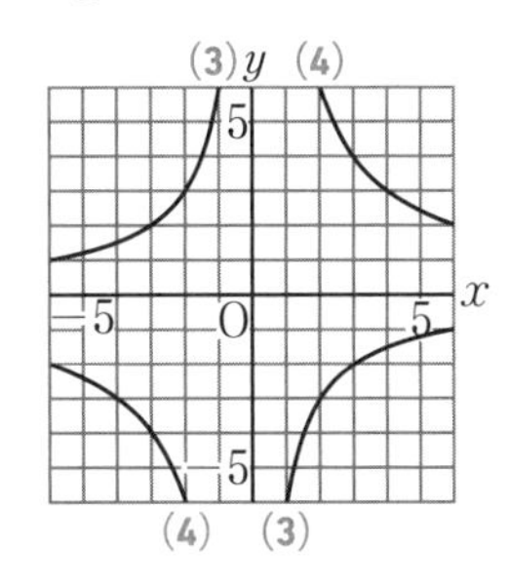

❻ ⑴ $y = 10x$ ⑵ $y = -\dfrac{18}{x}$ ⑶ $y = -4$

❼ ⑴ $y = 4x$ ⑵ $y = 32$ ⑶ $0 \leqq y \leqq 40$

解き方

❶ 変域は不等号を使って表します。

⑴ -4 以下→「以下」なので，-4 をふくみます。

⑵ -1 以上→「以上」なので，-1 をふくみます。
5 未満→「未満」なので，5 はふくみません。
「$5 > x \leqq -1$」や「$-1 \geqq x < 5$」は誤りです。

⑶ 3 より大きい→「より大きい」なので，3 はふくみません。

❷ $y = ax$ で表されるものが比例，$y = \dfrac{a}{x}$ で表されるものが反比例です。

㋐（残りの長さ）＝（もとの長さ）－（使った長さ）です。

㋑（長方形の面積）＝（縦）×（横）です。

㋒姉の年齢が決まっても，妹の年齢は 1 つに決まらないので，比例でも反比例でもありません。

㊁（道のり）＝（速さ）×（時間）です。

❸ ⑴ 比例の関係 $y = ax$ で，$a < 0$ のとき，グラフは，原点を通る右下がりの直線になります。

⑵ 反比例の関係 $y = \dfrac{a}{x}$ のグラフです。

⑶ ㋐～㊁の式に，$x = 5$ を代入して，$y = -1$ になるものを選びます。

❹ ⑴ 点から，x 軸，y 軸に垂直にひいた直線が，軸と交わる点の目盛りを読み取ります。

⑵ y を x の式で表すには，次の手順で考えます。

❶グラフが通る点のうち，x 座標，y 座標がともに整数である点の座標を読み取る。

❷その点の x 座標，y 座標の値を比例のグラフならば $y = ax$，反比例のグラフならば $y = \dfrac{a}{x}$ の x，y に代入して，a の値を求める。

❸ y を x の式で表す。

㋐原点を通る直線であるから，比例のグラフです。グラフは点 $(2, -1)$ を通るので，$y = ax$ に，$x = 2$，$y = -1$ を代入して，a の値を求めます。

㋑双曲線であるから，反比例のグラフです。グラフは $(2, 3)$ を通るので，$y = \dfrac{a}{x}$ に，$x = 2$，$y = 3$ を代入して，a の値を求めます。

❺ ⑴ $y = 3x$ なので，$x = 1$ のとき $y = 3$ です。グラフは原点と点 $(1, 3)$ を通る直線になります。

⑵ $y = -\dfrac{5}{2}x$ なので，$x = 2$ のとき $y = -5$ です。
グラフは原点と点 $(2, -5)$ を通る直線になります。

⑶⑷ 反比例のグラフは，対応する x と y の値の組を座標とする点をとり，それらをできるだけなめらかな曲線で結びます。

❻ ⑴ $y = ax$ に，$x = 3$，$y = 30$ を代入して，a の値を求めます。

⑵ $y = \dfrac{a}{x}$ に，$x = 3$，$y = -6$ を代入して，a の値を求めます。

⑶ $y = \dfrac{a}{x}$ に，$x = -2$，$y = 8$ を代入して，式を求めると $y = -\dfrac{16}{x}$ です。この式に $x = 4$ を代入して，y の値を求めます。

❼ ⑴（長方形の面積）＝（縦）×（横）なので，$y = 4x$ と表すことができます。

⑵ ⑴で求めた $y = 4x$ に，$x = 8$ を代入して，y の値を求めます。

⑶ 点 P は A から D まで進むので，もっとも小さい x の値は 0，もっとも大きい x の値は 10 です。
これより，もっとも小さい y の値は，$4 \times 0 = 0$，
もっとも大きい y の値は，$4 \times 10 = 40$ となります。

5章 平面図形

1節 直線と図形　2節 移動と作図①

Step❷

❶

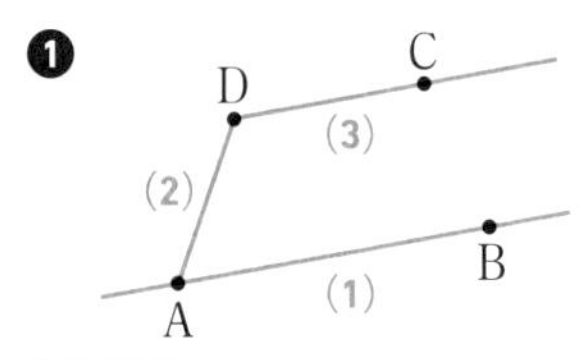

解き方 (1) 直線はまっすぐに限りなくのびている線です。

(2) 線分には，両端があります。

(3) 半直線 DC なので，点 C の方にのばします。

❷ (1)

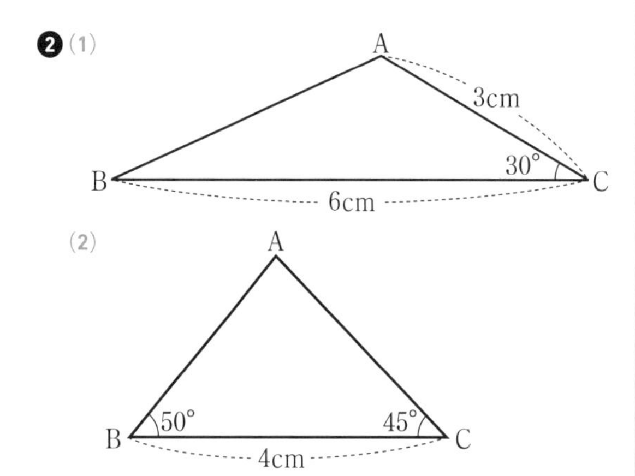

解き方 たがいに平行でない 3 つの線分で囲まれた図形が三角形です。三角形をかくことができるのは，

・3 つの辺の長さ

・2 つの辺の長さとその間の角の大きさ

・1 つの辺の長さとその両端の角の大きさ

がわかっているときです。

(1) 作図例の手順

①6cm の線分 BC をかく。

②∠C＝30°となる半直線をかく。

③②の半直線上で，点 C から 3cm のところに点 A をとる。

④ 点 A と点 B を結ぶ。

(2) 作図例の手順

①4cm の線分 BC をかく。

②∠B＝50°となる半直線をかく。

③ ∠C＝45°となる半直線をかく。

④②と③の交点を A とする。

❸ (1) △BOQ　(2) △OBP　(3) △OCR　(4) △OCR

解き方 平行移動

平面上で，図形を，一定の方向に，一定の長さだけずらして移します。移動前の図形と，移動後の図形の対応する点を結んだ線分どうしは平行で，その長さはすべて等しくなります。

回転移動

平面上で，図形を，1 つの点 O を中心として，一定の角度だけまわして移します。

このとき，中心とした点 O を回転の中心といいます。対応する点は，回転の中心からの距離が等しく，対応する点と回転の中心とを結んでできた角の大きさはすべて等しくなります。特に，180°の回転移動を点対称移動といいます。

対称移動

平面上で，図形を，1 つの直線 ℓ を折り目として，折り返して移します。このとき，折り目とした直線 ℓ を対称の軸といいます。対応する点を結んだ線分は，対称の軸と垂直に交わり，その交点で 2 等分されます。

(1) 平行移動させても，図形の向きは変わらないことに着目して考えます。△ODR と同じ向きの三角形は，△BOQ です。答えるときには，三角形の頂点の対応順に注意して答えます。

(2) 対応する点は，回転の中心からの距離が等しいことに着目して考えます。線分 OR と長さの等しい線分は OP なので，△ODR を，点 O を回転の中心として回転移動すると，線分 OR と線分 OP が重なります。このとき，頂点 D は点 B と重なるので，△OBP となります。

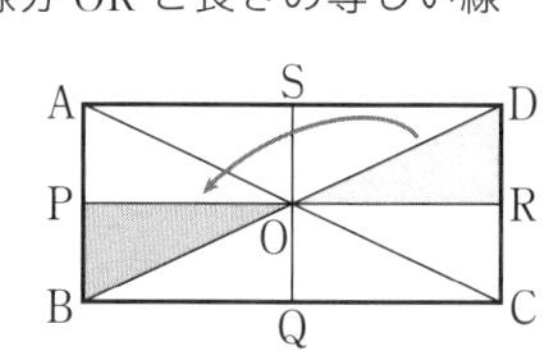

(3) PR を折り目として折り返すと，頂点 D は点 C に重なるので，△OCR となります。

(4) △ODR を，SQ を対称の軸として対称移動すると，△OAP に重なります。次に，△OAP を，点 O を回転の中心として回転移動すると，線分 OP と長さの等しい線分は OR なので，線分 OP と線分 OR が重なります。このとき，頂点 A は点 C と重なるので，△OCR となります。

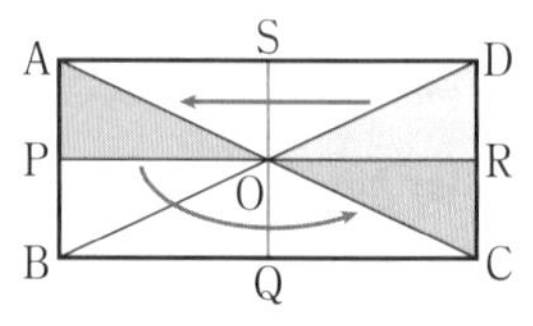

2節 移動と作図②

p.41 **Step ❷**

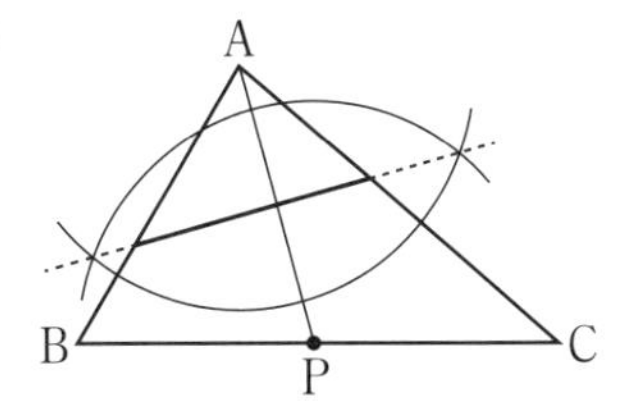

解き方 定規とコンパスだけを使って，作図します。作図のときに使った線は消さないようにしましょう。頂点Aが辺BC上の点Pと重なるように折るときの折り目は，頂点Aと点Pを結ぶ線分APの中点(Mとする)を通ります。また，線分AMと線分PMがぴったりと重ならなければならないので，折り目は，線分APに対して，垂直に交わらなければなりません。これらのことから，頂点Aが辺BC上の点Pと重なるように折るときの折り目は，線分APの垂直二等分線となります。

作図例の手順

① 頂点Aと点Pを結ぶ。

②A，Pを中心として，同じ半径の円をそれぞれかき，交点をQ，Rとする。

③ 直線QRをひく。

(求める折り目は，直線QRの実線部分です。)

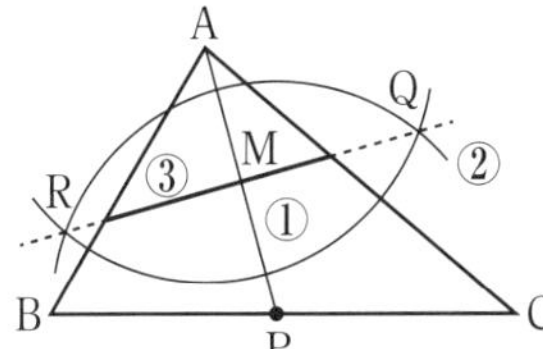

❷ (1)

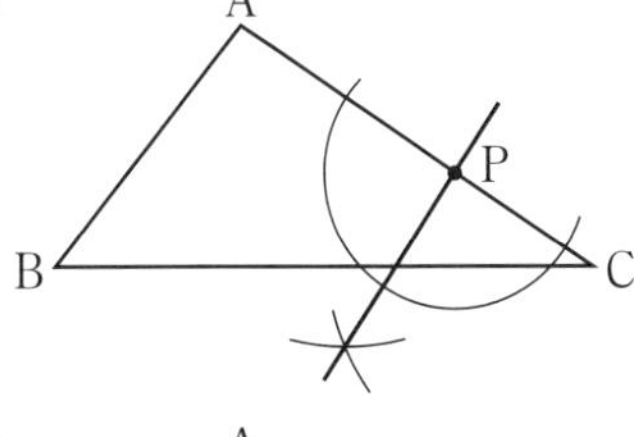

(2)

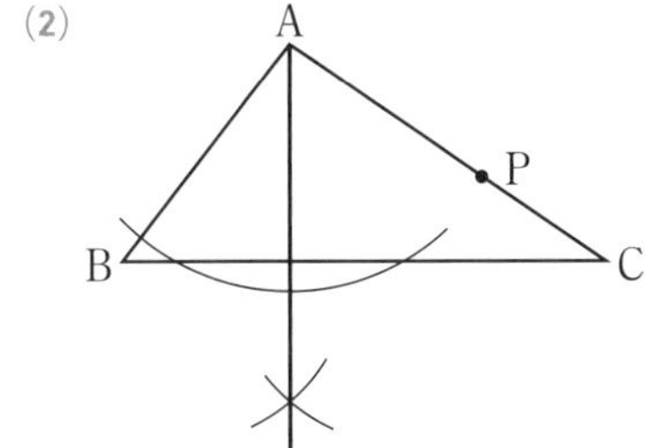

解き方 (1) 作図例の手順

① 点Pを中心として円をかき，線分ACとの交点をD，Eとする。

②2点D，Eを中心として，同じ半径の円をそれぞれかき，交点の1つをFとする。

③ 直線PFをひく。

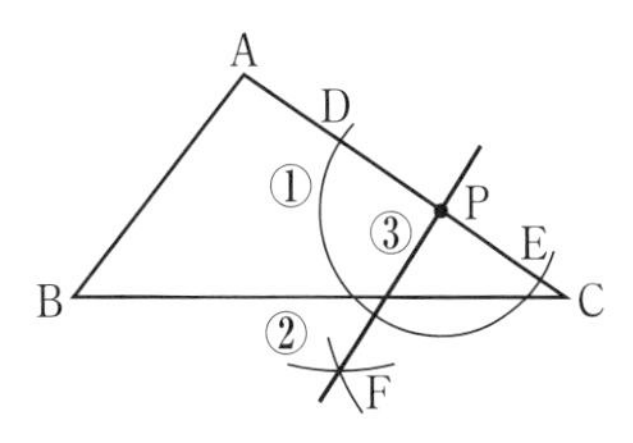

(2) 作図例の手順

① 頂点Aを中心として円をかき，線分BCとの交点をD，Eとする。

②2点D，Eを中心として，同じ半径の円をそれぞれかき，交点の1つをFとする。

③ 半直線AFをひく。

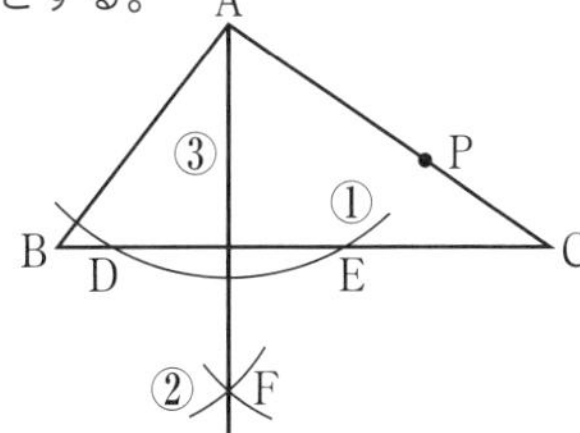

❸

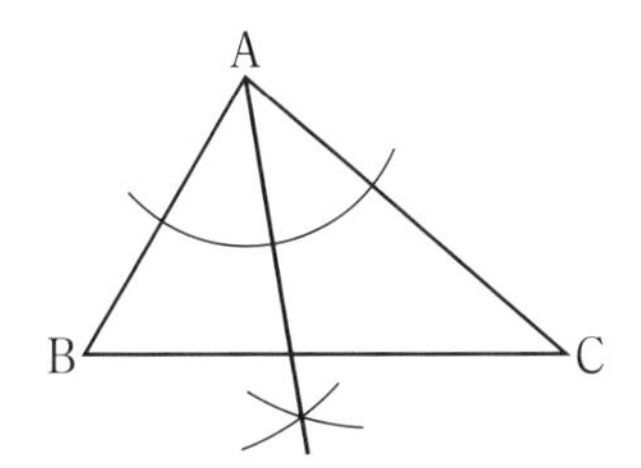

解き方 作図例の手順

① 頂点Aを中心として円をかき，辺AB，ACとの交点をそれぞれD，Eとする。

②2点D，Eを中心として，同じ半径の円をそれぞれかき，交点の1つをPとする。

③ 半直線APをひく。

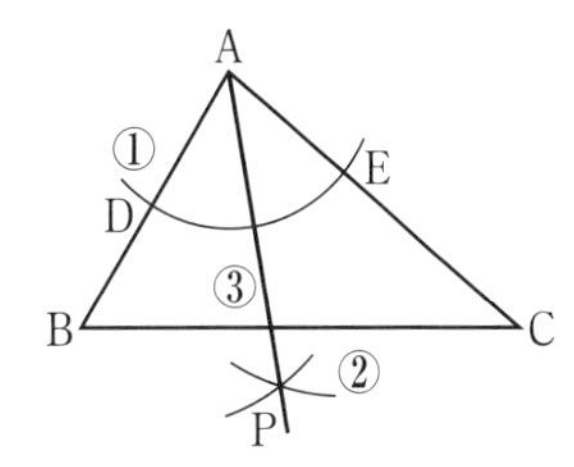

❹

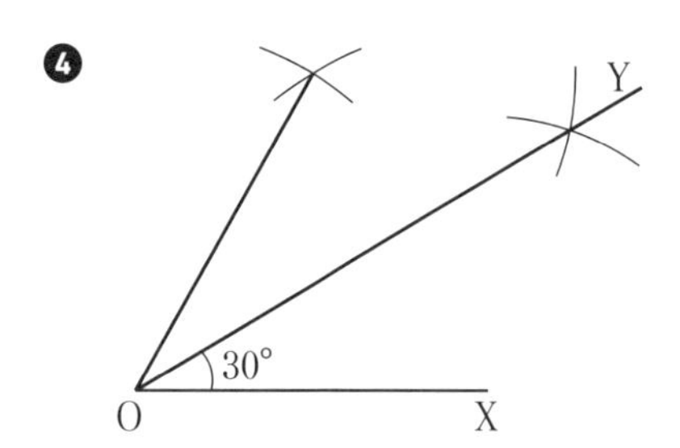

解き方 正三角形の1つの角は60°であることから，30°の角の作図を考えます。

まず，正三角形を作図します。

正三角形の作図例の手順

①2点 O，X を中心として，線分 OX の長さを半径とする円をそれぞれかき，交点の1つを P とする。

② 点 O と点 P を結ぶ。

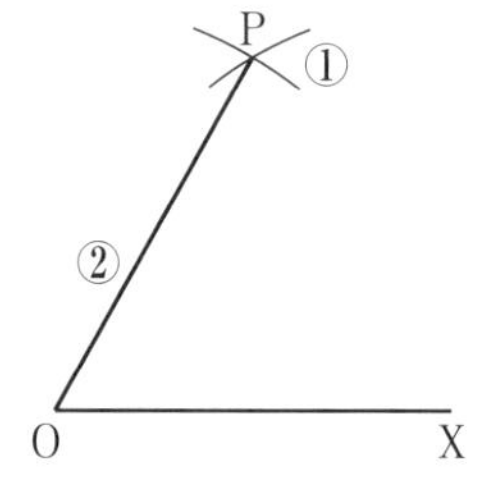

この作図で，∠POX＝60°が作図できました。点 X と点 P を結ぶと，正三角形が作図できます。

30°の角の作図例の手順

①2点 X，P を中心として，同じ半径の円をそれぞれかき，交点の1つを Y とする。

② 半直線 OY をひく。

正三角形の1つの角は60°であるから，

∠YOP＝∠YOX＝30°

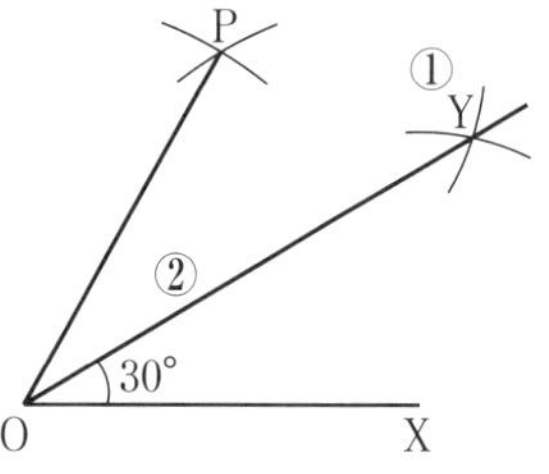

別解 30°＝90°−60°と考えます。

頂点 O を通る線分 OX の垂線 OQ を作図し，正三角形 OYQ をつくると，∠XOY＝30°をつくることができます。

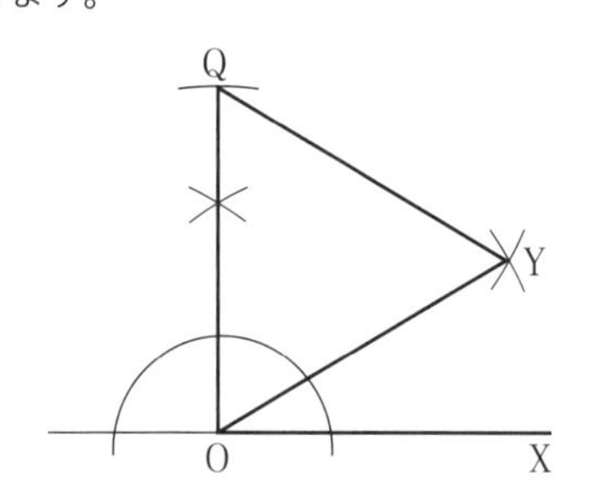

3節 円とおうぎ形

p.43 Step ❷

❶ (1) 直線 n　　(2) 90°

解き方 (1) 円と直線とが1点で交わるとき，その直線を円の接線といいます。円 O と1点で交わっているのは，直線 n です。

(2) 円の接線は，その接点を通る半径に垂直なので，∠ABC は90°です。

❷ 円の周の長さ 14πcm，面積 49πcm^2

解き方 半径 r の円において，

(円の周の長さ)＝$2\pi r$，(円の面積)＝πr^2

であるから，半径 r に7を代入します。

円の周の長さ　$2\times\pi\times7=14\pi$(cm)

円の面積　$\pi\times7^2=49\pi$(cm^2)

❸ (1) 4πcm　　(2) 2πcm^2

解き方 (1) 弧の長さは，

$2\times\pi\times6\times\dfrac{120}{360}=4\pi$ (cm)

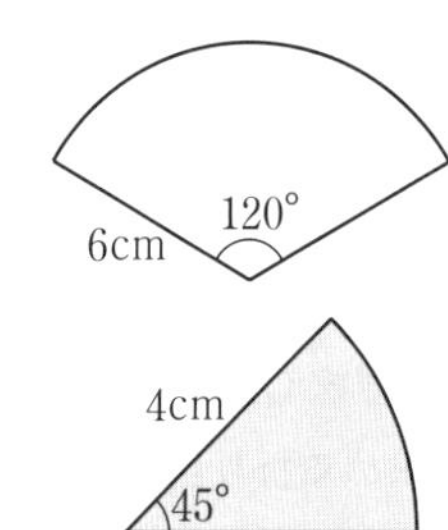

(2) 面積は，

$\pi\times4^2\times\dfrac{45}{360}=2\pi$ (cm^2)

4cm
45°

❹ (1) 300°　　(2) 288°

解き方 おうぎ形の中心角は，半径の等しい円と次のような比例式をつくって求めます。

(1) (おうぎ形の弧の長さ)：(円の周の長さ)

＝(中心角の大きさ)：360

(2) (おうぎ形の面積)：(円の面積)

＝(中心角の大きさ)：360

(1) 半径3cm の円の周の長さは 6πcm だから，中心角を x°とすると，

$5\pi:6\pi=x:360$

$6\pi\times x=5\pi\times360$

$x=300$

(2) 半径 5cm の円の面積は 25π cm^2 だから，中心角を x°とすると，

$20\pi : 25\pi = x : 360$

$25\pi \times x = 20\pi \times 360$

$x = 288$

別解 おうぎ形の弧の長さや面積の公式を使って求めてもよいです。

(1) $5\pi = 2\pi \times 3 \times \dfrac{x}{360}$

$x = 300$

(2) $20\pi = \pi \times 5^2 \times \dfrac{x}{360}$

$x = 288$

❺ (1) 240°　　(2) 96π cm^2

解き方 (1) 半径 8cm の円の周の長さは 16π cm，半径 12cm の円の周の長さは 24π cm だから，中心角を x°とすると，

$16\pi : 24\pi = x : 360$

$24\pi \times x = 16\pi \times 360$

$x = 240$

別解 おうぎ形の弧の長さの公式を使って求めてもよいです。

$2\pi \times 8 = 2\pi \times 12 \times \dfrac{x}{360}$

$x = 240$

(2) (1) より，中心角が 240°なので，おうぎ形の面積は，

$\pi \times 12^2 \times \dfrac{240}{360} = 96\pi$ (cm^2)

p.44-45 Step 3

❶ (1) ∠BPC　(2) AD＝BC　AD∥BC
(3) AB⊥BC

❷ (1) △DOC，△EFO　(2) △ODE

❸ (1) 弧 4π cm　面積 10π cm^2
(2) 中心角 60°　面積 6π cm^2

❹ (1)

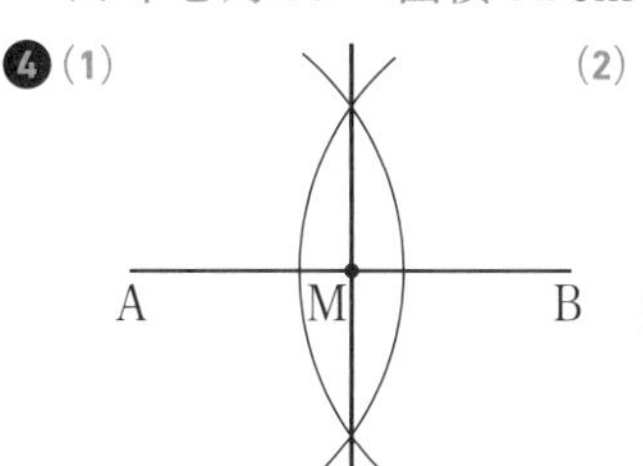

(2)

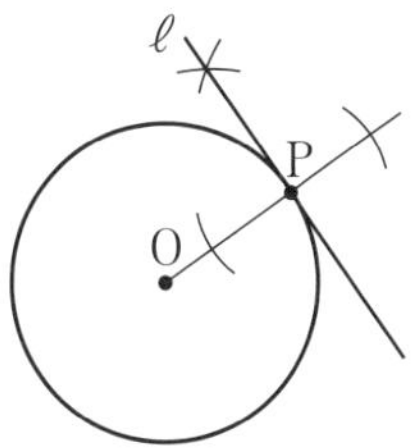

❺ (1)

P C Q A O B

(2) 90°

❻ (1) $10\pi + 10$ (cm)　(2) $\dfrac{25}{2}\pi$ cm^2

❼ $8\pi + 34$ (cm)

❽ 10π cm^2

解き方

❶ 平行を表す記号「∥」，垂直を表す記号「⊥」を確認しておきましょう。

(1) 角の記号「∠」を使って，表します。∠CPB と答えてもよいです。

(2) 長方形の向かいあう辺は，長さが等しく，平行です。

(3) 長方形のとなりあう辺は，垂直に交わります。

❷ 3 種類の移動について，名称と方法について確認しておきましょう。

(2) 180°の回転移動を点対称移動といいます。

❸ (1) 弧の長さは，$2\pi \times 5 \times \dfrac{144}{360} = 4\pi$ (cm)

面積は，$\pi \times 5^2 \times \dfrac{144}{360} = 10\pi$ (cm^2)

(2) 半径の等しい円とおうぎ形では，次のような比例式が成り立ちます。

(おうぎ形の弧の長さ) : (円の周の長さ)
＝(中心角の大きさ) : 360

したがって，半径 6 cm の円の周の長さは 12π cm だから，中心角を x°とすると，

$2\pi : 12\pi = x : 360$

$x = 60$

中心角の大きさは 60°だから，おうぎ形の面積は，

$\pi \times 6^2 \times \dfrac{60}{360} = 6\pi$ (cm^2)

❹ 基本の作図はよく出題されます。コンパスと定規を使って，正しく作図ができるように練習しておきましょう。

(1) 作図例の手順

①2 点 A，B を中心として，同じ半径の円をそれぞれかき，2 つの交点をそれぞれ C，D とする。

② 直線 CD をひく。

③ 直線 CD と直線 AB との交点を M とする。

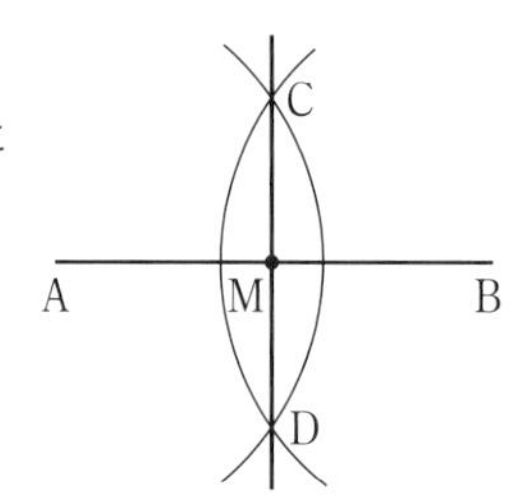

(2) 円の接線は，接点を通る半径に垂直であることから，点 P を通り，半径 OP に垂直な直線を作図します。

作図例の手順

① 半直線 OP をひく。

② 点 P を中心として円をかき，半直線 OP との 2 つの交点を A，B とする。

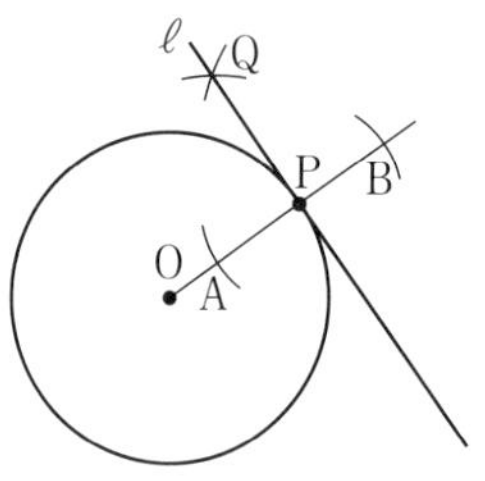

③2 点 A，B を中心として，同じ半径の円をそれぞれかき，交点の 1 つを Q とする。

④ 直線 PQ をひく。

❺ (1) 角の二等分線の基本的な作図です。

(2) $\angle POQ = \angle POC + \angle QOC$

$= \dfrac{1}{2}\angle AOC + \dfrac{1}{2}\angle BOC$

$= \dfrac{1}{2}(\angle AOC + \angle BOC)$

$\angle AOC + \angle BOC = 180^\circ$なので，

$\angle POQ = \dfrac{1}{2} \times 180^\circ = 90^\circ$

❻ (1) (色をつけた部分の周の長さ)

＝(半径 10 cm，中心角 90°のおうぎ形の弧の長さ)

＋(半径 5 cm，中心角 180°のおうぎ形の弧の長さ)

＋(正方形の 1 辺)

なので，

$2\pi \times 10 \times \dfrac{90}{360} + 2\pi \times 5 \times \dfrac{180}{360} + 10$

$= 10\pi + 10$ (cm)

(2) (色をつけた部分の面積)

＝(半径 10 cm，中心角 90°のおうぎ形の面積)

－(半径 5 cm，中心角 180°のおうぎ形の面積)

なので，

$\pi \times 10^2 \times \dfrac{90}{360} - \pi \times 5^2 \times \dfrac{180}{360}$

$= \dfrac{25}{2}\pi$ (cm^2)

❼ 3 つの円の中心を結ぶと，1 辺が 8 cm の正三角形ができます。曲線部分は半径 4 cm，中心角 120°のおうぎ形の弧になります。

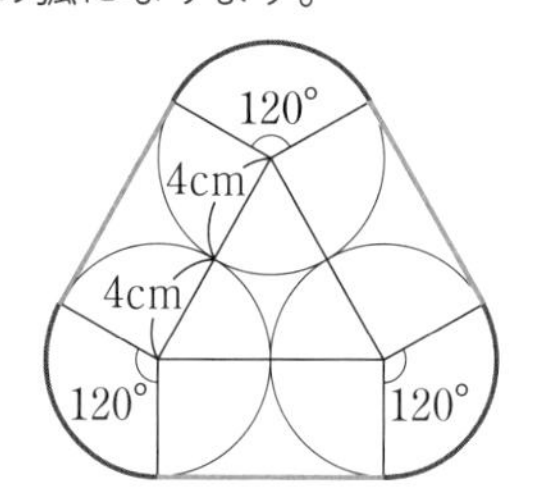

このおうぎ形が 3 つあるので，弧の長さの和は円 1 つ分の円周に等しくなります。

$2\pi \times 4 \times \dfrac{120}{360} \times 3 + 8 \times 3 + 10$

$= 8\pi + 24 + 10$

$= 8\pi + 34$ (cm)

となります。結び目の分をたすのを忘れないように注意しましょう。

❽ (色をつけた部分の面積)

＝(半径 9 cm のおうぎ形の面積)

－(半径 6 cm のおうぎ形の面積)

なので，

$\pi \times 9^2 \times \dfrac{80}{360} - \pi \times 6^2 \times \dfrac{80}{360}$

$= 18\pi - 8\pi$

$= 10\pi$ (cm^2)

6章 空間図形

1節 立体と空間図形

p.47-48 Step 2

❶ (1) 三角柱　　(2) 円錐

解き方 (1) 右の図のような三角柱になります。三角柱の側面は長方形で，底面は2つあります。

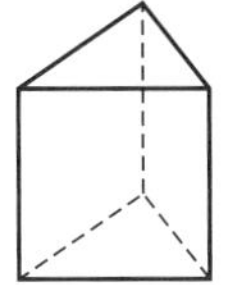

(2) 右の図のような円錐になります。円錐の展開図では側面はおうぎ形で表され，底面は1つです。

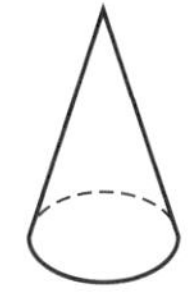

❷ ㋒

解き方 展開図では，どれか1つの面を底面として組み立て，重なる面があるかどうかを調べます。
㋒の展開図は，組み立てると，右の図の斜線の部分が重なってしまい，立方体にはなりません。

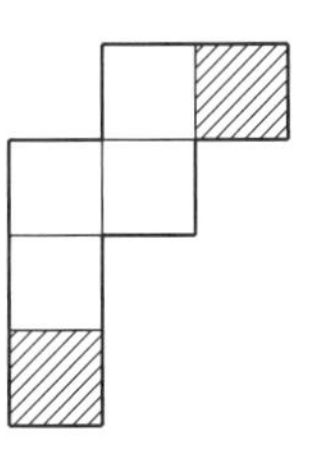

❸ (1) 四角錐　　(2) 球

解き方 ふつうに扱われる立体の投影図では，底面が立面図あるいは平面図(多くの場合，平面図)に表されることが多いことに着目します。
(1) 立面図が「三角形」なので，「角錐」や「円錐」などが考えられます。平面図が「四角形」なので，この投影図は四角錐を表しています。
(2) 立面図が「円」なので，「円柱」や「球」などが考えられます。平面図が「円」なので，この投影図は球を表しています。

❹

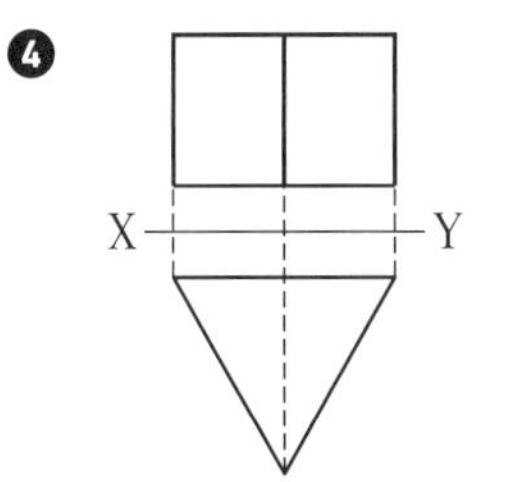

解き方 線分XYより上側にある図を立面図，下側にある図を平面図といいます。実際に見える辺は実線――で示します。
立面図の縦の長さは，三角柱の高さ1cmに等しくします。

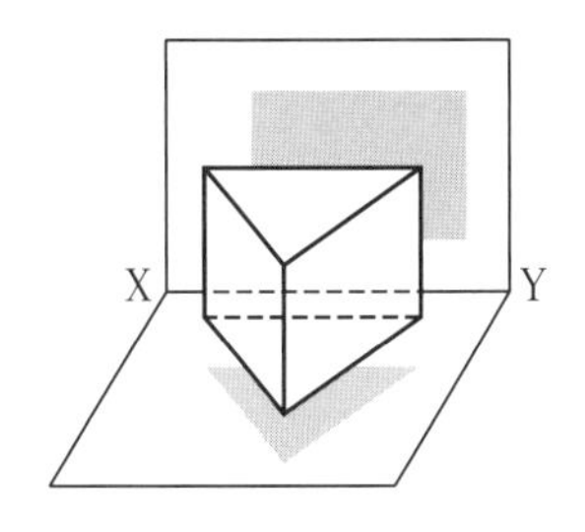

❺ (1) 直線AE，DH，EF，HG
(2) 直線DC，HG，EF
(3) 直線AB，BC，CD，DA
(4) 直線BC，FG，EH，AD
(5) 直線AB，BC，CD，DA
(6) 平面DCGH
(7) 平面ABCD，BFEA，EFGH，CGHD

解き方 (1) ねじれの位置にある2直線は，平行でなく，交わりません。
(7) 直方体では，平面BFGCと交わる平面は，平面BFGCに垂直です。

❻ (1) 直方体　　(2) 円柱

解き方 多角形や円を，その面に垂直な方向に，一定の距離だけ平行に動かすと，その多角形や円を底面とする角柱や円柱ができます。

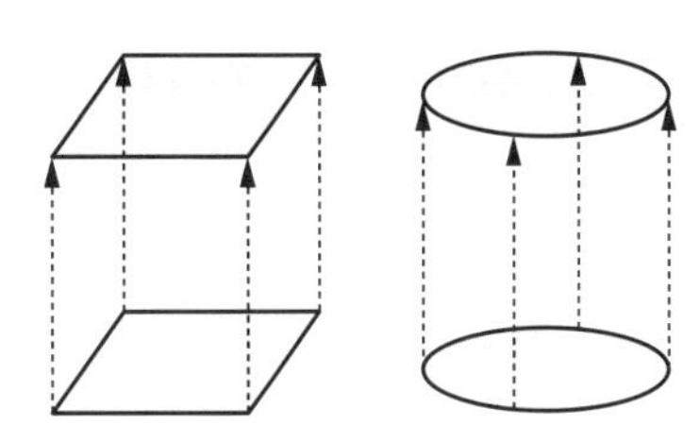

▶ 本文 p.48，50

❼ (1) 円柱　　(2) 円錐

解き方 それぞれの形に画用紙を切り抜いて，ストローにはり，ストローを回転させるとどうなるかをイメージします。

(1) 右の図のように円柱ができます。直線 ℓ を回転の軸といいます。

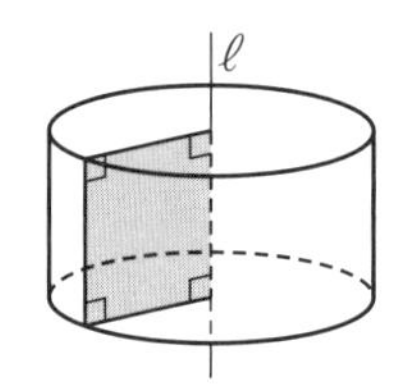

(2) 右の図のように円錐ができます。円錐を，回転の軸をふくむ平面で切ると，切り口は二等辺三角形に，回転の軸に垂直な平面で切ると，切り口は円になります。

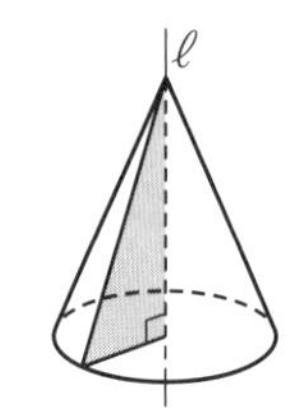

参考 円柱や円錐で側面をえがく線分を円柱や円錐の母線といいます。

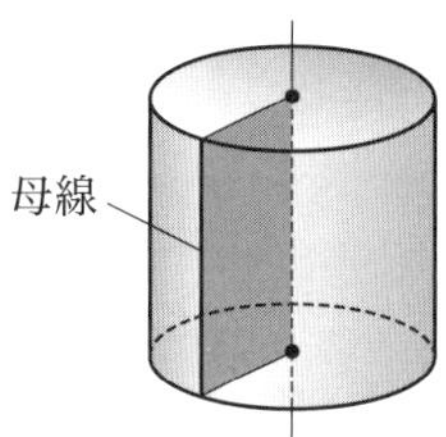

❽ (1) 六角柱　　(2) 母線

解き方 多角形や円に垂直に立てた線分を，その周にそって 1 まわりさせると，その多角形や円を底面とする角柱や円柱の側面ができます。また，線分の一端を固定して円周上を 1 まわりさせると，円錐の側面ができます。

この 1 まわりさせた線分を，母線といいます。

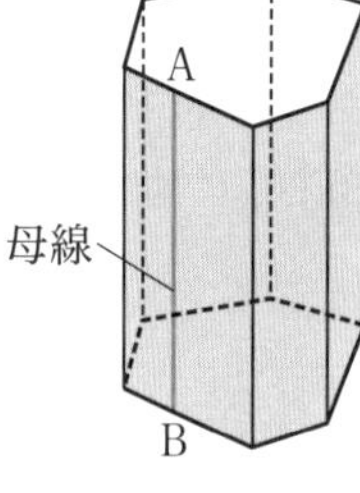

2節 立体の体積と表面積

p.50-51　**Step ❷**

❶ (1) 105cm^3　　(2) $72\pi\text{cm}^3$

(3) 128cm^3　　(4) $60\pi\text{cm}^3$

解き方 (角柱，円柱の体積)＝(底面積)×(高さ)

(角錐，円錐の体積)$=\dfrac{1}{3}\times$(底面積)×(高さ)

で求めます。

(1) $\left(\dfrac{1}{2}\times6\times2+\dfrac{1}{2}\times6\times3\right)\times7=105(\text{cm}^3)$

(2) $\pi\times3^2\times8=72\pi(\text{cm}^3)$

(3) $\dfrac{1}{3}\times8^2\times6=128(\text{cm}^3)$

(4) $\dfrac{1}{3}\pi\times6^2\times5=60\pi(\text{cm}^3)$

❷ (順に)㋑，$42\pi\text{cm}^3$

解き方 辺 AB を回転の軸として 1 回転させると，底面の半径が 7cm で，高さが 9cm の円錐になるので，㋐の体積は，

$\dfrac{1}{3}\pi\times7^2\times9=147\pi(\text{cm}^3)$ です。

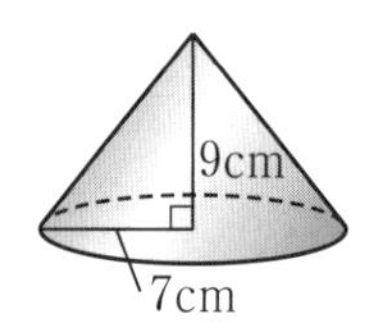

また，辺 AC を回転の軸として 1 回転させると，底面の半径が 9cm で，高さが 7cm の円錐になるので，㋑の体積は，

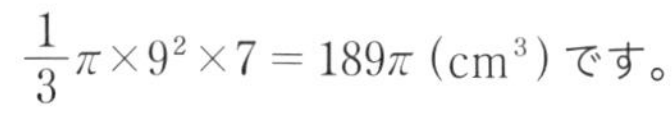
$\dfrac{1}{3}\pi\times9^2\times7=189\pi(\text{cm}^3)$ です。

これより，㋑の体積の方が㋐の体積よりも

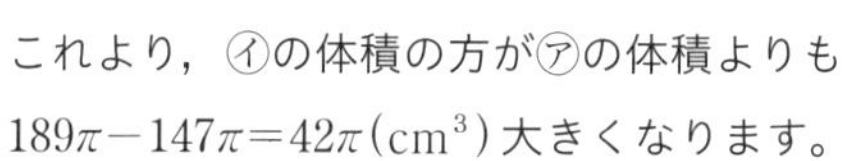
$189\pi-147\pi=42\pi(\text{cm}^3)$ 大きくなります。

❸ $\dfrac{125}{3}\text{cm}^3$

解き方 展開図を組み立てると，右の図のような三角錐になります。

AD⊥AC，AD⊥AB だから，AD は三角錐の高さになります。

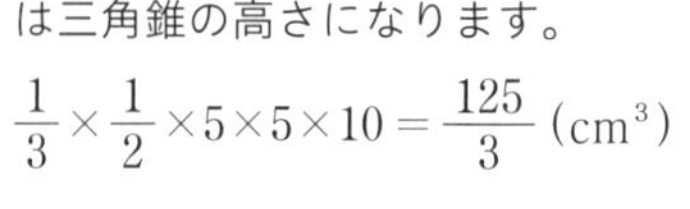
$\dfrac{1}{3}\times\dfrac{1}{2}\times5\times5\times10=\dfrac{125}{3}(\text{cm}^3)$

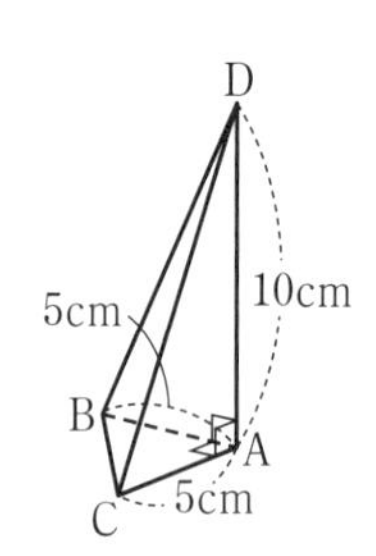

❹ (1) 底面積 6cm^2　側面積 48cm^2
表面積 60cm^2
(2) 底面積 $16\pi\text{cm}^2$　側面積 $72\pi\text{cm}^2$
表面積 $104\pi\text{cm}^2$

解き方 表面積は展開図で考えます。角柱，円柱の表面積は，(底面積)×2＋(側面積)です。

(1) 底面積は，$\frac{1}{2}\times4\times3=6(\text{cm}^2)$

側面積は，$4\times(3+4+5)=48(\text{cm}^2)$

表面積は，$6\times2+48=60(\text{cm}^2)$

(2) 円柱の側面の展開図は長方形で，横の長さは底面の円の周の長さと等しくなります。

底面積は，$\pi\times4^2=16\pi(\text{cm}^2)$

側面積は，$9\times2\pi\times4=72\pi(\text{cm}^2)$

表面積は，$16\pi\times2+72\pi=104\pi(\text{cm}^2)$

❺ (1) 360cm^2　(2) $85\pi\text{cm}^2$

解き方 (1) 底面積は，$10\times10=100(\text{cm}^2)$

側面積は，$\left(\frac{1}{2}\times10\times13\right)\times4=260(\text{cm}^2)$

表面積は，$260+100=360(\text{cm}^2)$

(2) 側面の展開図は半径 12cm のおうぎ形で，その弧の長さは底面の半径 5cm の円の周の長さに等しいです。

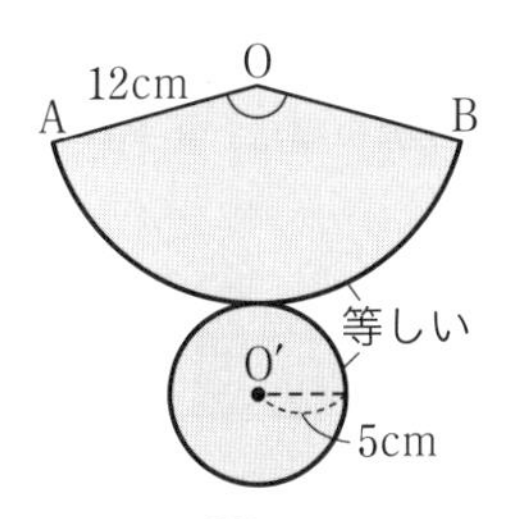

側面になるおうぎ形の $\overset{\frown}{AB}$ は，底面の円 O′ の円周に等しいから，

$2\times\pi\times5=10\pi(\text{cm})$

また，円 O の円周は，$2\times\pi\times12=24\pi(\text{cm})$

$\overset{\frown}{AB}$ は，円 O の円周の $\frac{10\pi}{24\pi}$ です。

側面になるおうぎ形の中心角は，

$360^\circ\times\frac{10\pi}{24\pi}=150^\circ$

側面積は，$\pi\times12^2\times\frac{150}{360}=60\pi(\text{cm}^2)$

底面積は，$\pi\times5^2=25\pi(\text{cm}^2)$

表面積は，$60\pi+25\pi=85\pi(\text{cm}^2)$

別解 円錐の側面の展開図のおうぎ形の中心角を x° として，

(おうぎ形の弧の長さ)：(円の周の長さ)

＝(中心角の大きさ)：360

の比例式から中心角を求めてもよいです。

$(2\pi\times5):(2\pi\times12)=x:360$

$x=150$

❻ 体積 $486\pi\text{cm}^3$，表面積 $243\pi\text{cm}^2$

解き方 表面積は球の表面積の半分に，切り口の円の面積を加えて求めます。

半径 r の球の体積を V，表面積を S とすると，

$V=\frac{4}{3}\pi r^3$，$S=4\pi r^2$

体積は，$\frac{4}{3}\pi\times9^3\times\frac{1}{2}=486\pi(\text{cm}^3)$

表面積は，$4\pi\times9^2\times\frac{1}{2}+\pi\times9^2=243\pi(\text{cm}^2)$

❼ 体積 $\frac{1408}{3}\pi\text{cm}^3$，表面積 $208\pi\text{cm}^2$

解き方 辺 AD を回転の軸として，この図形を 1 回転させると，右の図のような立体になります。

体積は，円錐の体積と半球の体積の和なので，

$\frac{1}{3}\pi\times8^2\times6+\frac{4}{3}\pi\times8^3\times\frac{1}{2}$

$=\frac{1408}{3}\pi(\text{cm}^3)$

円錐の側面の展開図のおうぎ形の中心角を x° とすると，

(おうぎ形の弧の長さ)

：(円の周の長さ)

＝(中心角の大きさ)：360

の関係から次のような比例式がつくれます。

これを解いて，中心角の大きさを求めます。

$(2\pi\times8):(2\pi\times10)=x:360$

$x=288$

表面積は，円錐の側面積と球の表面積の半分の和なので，

$\pi\times10^2\times\frac{288}{360}+4\pi\times8^2\times\frac{1}{2}$

$=208\pi(\text{cm}^2)$

▶ 本文 p.52-53

p.52-53 Step 3

❶ (1) 直線 AB，HG，EF
(2) 直線 AD，EH，CD，GH，DH
(3) 平面 ABCD，EFGH　(4) 4 つ

❷ (1) 点 B，C　(2) 辺 DF

❸ (1) ㋐，㋒，㋓，㋗　(2) ㋓，㋕　(3) ㋑，㋔
(4) ㋑，㋔，㋖　(5) ㋕，㋘　(6) ㋓，㋘
(7) ㋐，㋑，㋒，㋓，㋗

❹ (1) 108°　(2) $39\pi\,\mathrm{cm}^2$

❺ 表面積 $57\pi\,\mathrm{cm}^2$　体積 $63\pi\,\mathrm{cm}^3$

❻ $60\,\mathrm{cm}^2$

解き方

❶ 直線と直線，直線と平面，平面と平面の位置関係に関する問題はよく出題されます。
(2) ねじれの位置にある直線を答えるときには，さきに，平行な直線，交わる直線を見つけます。
平行な直線でもなく，交わる直線でもないものが，ねじれの位置にある直線になります。
直線 BF と直線 CG は，同じ平面上にあるので，のばすと交わります。
(4) この立体は，平面 AEHD と平面 BFGC を底面とする四角柱です。平面 ABCD，DHGC，EFGH，AEFB は側面になるので，底面と垂直に交わります。

❷ 展開図を組み立てると，右の図のようになります。

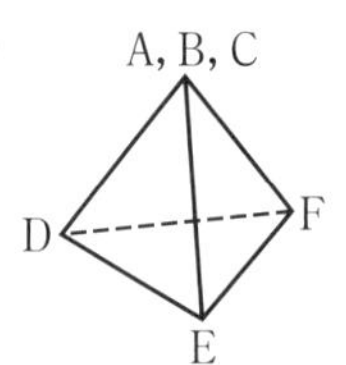

❸ 角柱の側面は長方形，角錐の側面は三角形です。
「柱」や「錐」の前に底面の図形の名前をつけると立体の名前になります。
(4) 円柱，円錐，球があてはまります。球は半円を 1 回転させた回転体です。
(5) すべての角錐があてはまります。
(6) 底面が三角形のときは三角柱，底面が四角形のときは四角錐があてはまります。
(7) 動かす多角形や円を底面とする角柱や円柱ができます。

❹ 円錐の展開図は，右の図のようになります。表面積を求めるときは，展開図で考えましょう。

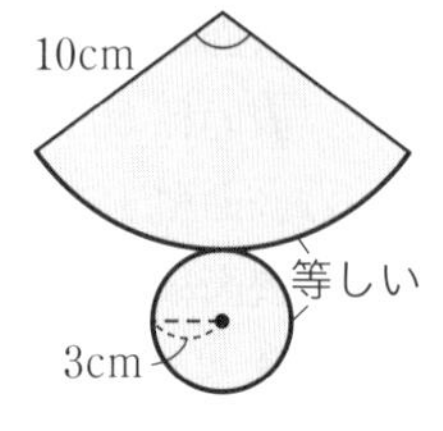

(1) 円錐の側面の展開図のおうぎ形の中心角を $x°$ とすると，
(おうぎ形の弧の長さ)：(円の周の長さ)
＝(中心角の大きさ)：360
の関係から次のような比例式がつくれます。
これを解いて，中心角の大きさを求めます。

$(2\pi\times3):(2\pi\times10)=x:360$

$x=108$

参考 おうぎ形の中心角は，おうぎ形の弧の長さの公式を使って求めることもできます。

$2\pi\times3=2\pi\times10\times\dfrac{x}{360}$，$x=108$

(2) 底面積は，$\pi\times3^2=9\pi(\mathrm{cm}^2)$

側面積は，$\pi\times10^2\times\dfrac{108}{360}=30\pi(\mathrm{cm}^2)$

表面積は，$9\pi+30\pi=39\pi(\mathrm{cm}^2)$

❺ この図形を辺 AD を回転の軸として 1 回転させると，半球と円柱を組み合わせた立体になります。
表面積は，
(球の表面積の半分)＋(円柱の側面積)＋(円柱の底面積[1 つ分])
になります。球の半径は，$8-5=3(\mathrm{cm})$ なので，
表面積は，

$4\pi\times3^2\times\dfrac{1}{2}+5\times2\pi\times3+\pi\times3^2$
$=18\pi+30\pi+9\pi$
$=57\pi(\mathrm{cm}^2)$

体積は，

$\dfrac{4}{3}\pi\times3^3\times\dfrac{1}{2}+\pi\times3^2\times5$
$=18\pi+45\pi$
$=63\pi(\mathrm{cm}^3)$

❻ 水の部分は，右の図の三角錐の形になります。この体積は，

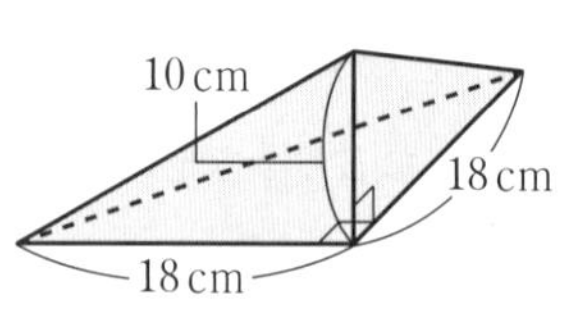

$18\times18\times\dfrac{1}{2}\times10\times\dfrac{1}{3}=540(\mathrm{cm}^3)$

したがって，円柱形の容器の底面積は，
$540\div9=60(\mathrm{cm}^2)$

▶本文 p.55

7章 データの活用

1節 ヒストグラムと相対度数

2節 データにもとづく確率

p.55 **Step 2**

❶ (1) 2.3 秒　　(2) 0.5 秒　　(3) (下の図)

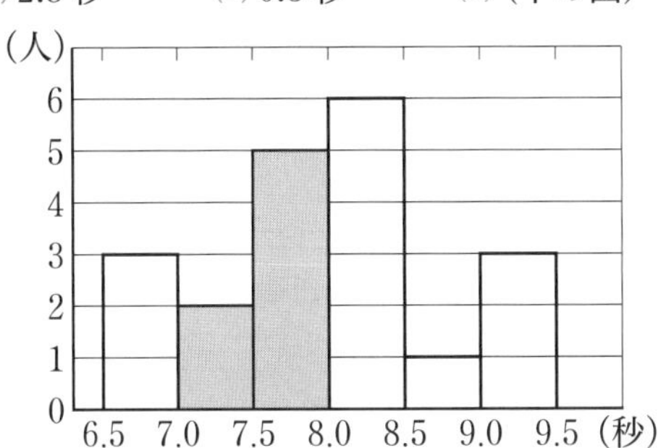

(4) ㋐ 3, ㋑ 6, ㋒ 0.10, ㋓ 0.25, ㋔ 0.85

(5) 中央値 7.9 秒, 最頻値 8.25 秒,
平均値 8.0 秒

解き方 (1) (範囲)＝(最大値)－(最小値)より, データの最大値は 9.1 秒, 最小値は 6.8 秒なので,
9.1－6.8＝2.3 (秒)
よって, 範囲は 2.3 秒です。

(2) 7.0－6.5＝0.5 (秒) より, それぞれの区間の幅は 0.5 秒になっています。

(3) それぞれの階級の度数に注意してグラフをかきます。

(4) ㋐㋑記録を整理すると, 6.5 秒以上 7.0 秒未満の階級の度数は 3 人だから, ㋐は 3 です。
8.0 秒以上 8.5 秒未満の階級の度数は 6 人だから, ㋑は 6 です。
㋒表より, 7.0 秒以上 7.5 秒未満の階級の度数は 2 人だから,

$$\frac{2}{20}=0.10$$

よって, ㋒は 0.10 です。
㋓表より, 7.5 秒以上 8.0 秒未満の階級の度数は 5 人だから,

$$\frac{5}{20}=0.25$$

よって, ㋓は 0.25 です。
㋔最小の階級から, 8.5 秒以上 9.0 秒未満の階級までの相対度数を加えていくと,
0.15＋0.1＋0.25＋0.3＋0.05＝0.85
よって, ㋔は 0.85 です。

参考 (ある階級の相対度数)＝$\dfrac{(\text{その階級の度数})}{(\text{総度数})}$

(5) 中央値　データの総数が奇数個のときは, 大きさの順に並べた中央の値で, 偶数個のときは, 中央の 2 つの値の合計を 2 でわった値となります。
ここでは, データの総数が 20 なので, 10 番目と 11 番目の値が中央の 2 つとなり, この 2 つの値の合計を 2 でわった値を求めます。
データを値の小さい順に並べかえると,

①6.8　②6.9　③6.9　④7.2　⑤7.2　⑥7.6　⑦7.7
⑧7.8　⑨7.8　⑩7.8　⑪8.0　⑫8.0　⑬8.1　⑭8.3
⑮8.4　⑯8.4　⑰8.8　⑱9.0　⑲9.1　⑳9.1

10 番目は 7.8 秒, 11 番目は 8.0 秒だから,
(7.8＋8.0)÷2＝7.9 (秒)
最頻値　度数でもっとも大きいのは 6 であるから, その階級値 8.25 秒が最頻値です。
平均値　(データの値の合計)÷(データの総数) で求めます。ここでは, 度数分布表から平均値を求めるので, データの値は, すべてその階級の階級値であると考えて, {(階級値)×(度数)}の合計を度数の合計でわって求めます。
{(階級値)×(度数)}の合計は 159.5, 度数の合計は 20 であるから,
159.5÷20＝7.975 (秒)
よって, 小数第二位を四捨五入して, 小数第一位まで求めると, 8.0 秒

❷ (1) ㋐ 0.19　㋑ 0.17　㋒ 0.16　㋓ 0.16　㋔ 0.17
㋕ 0.17

(2) 0.17

解き方 (1) (1 の目が出た相対度数)
＝(1 の目が出た回数)÷(投げた回数)
であるから,
㋐ 19÷100＝0.19　　㋑ 34÷200＝0.17
㋒ 49÷300＝0.163… →0.16
㋓ 65÷400＝0.1625 →0.16
㋔ 84÷500＝0.168 →0.17
㋕ 169÷1000＝0.169 →0.17

(2) さいころを投げる回数を多くすると, 次第に, 一定の値に近づくと考えられるので, 投げた回数のいちばん多い場合の相対度数を確率と考えます。

p.56 Step 3

❶ (1) ㋐12　㋑9　㋒0.24　㋓0.10　㋔1.00
㋕93.6　㋖77.4

(2)

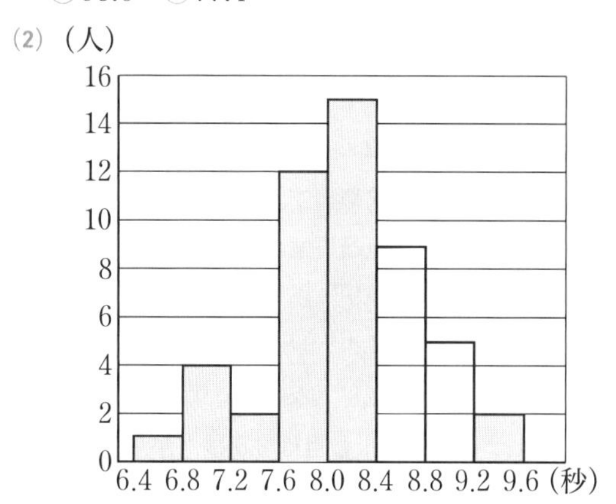

(3) ①2.9 秒　②8.3 秒　③8.2 秒　④8.1 秒

(4) 14%

❷ 0.4

❸ (1) ×　(2) ○　(3) ×

解き方

❶ (1) ㋐ヒストグラムから読み取る。

㋑ $(ある階級の相対度数)=\frac{(その階級の度数)}{(総度数)}$

より，㋑に入る値を a とすると，

$0.18=\frac{a}{50}$

$a=9$

㋒ $12\div50=0.24$

㋓ $5\div50=0.10$

㋔ 1 と表してもよいです。相対度数の総和はつねに 1 です。

㋕ $7.8\times12=93.6$

㋖ $8.6\times9=77.4$

(3) ① $9.4-6.5=2.9$(秒)

② データの総数が奇数個のときは，大きさの順に並べた中央の値で，偶数個のときは，中央の 2 つの値の合計を 2 でわった値となります。

ここでは，データの総数が 50 なので，25 番目と 26 番目の値が中央の 2 つとなり，この 2 つの値の合計を 2 でわった値を求めます。

$(8.3+8.3)\div2=8.3$(秒)

③ 度数でもっとも大きいのは 15 であるから，その階級値 8.2 秒が最頻値です。

④ (データの値の合計) ÷ (データの総数)

で求めます。

ここでは，度数分布表から平均値を求めるので，データの値は，すべてその階級の階級値であると考えて，{(階級値) × (度数)}の合計を度数の合計でわって求めます。

{(階級値) × (度数)}の合計は 407.2，度数の合計は 50 であるから，

$407.2\div50=8.144$(秒)

よって，小数第二位を四捨五入して，小数第一位まで求めると，8.1 秒

(4) 最小の階級から，7.2 秒以上 7.6 秒未満の階級までの相対度数を加えて，百分率になおします。

$(0.02+0.08+0.04)\times100=14$(%)

参考 累積相対度数の表は次のようになります。

階級(秒)	階級値(秒)	度数(人)	相対度数	累積相対度数
以上　未満				
6.4 ～ 6.8	6.6	1	0.02	0.02
6.8 ～ 7.2	7.0	4	0.08	0.10
7.2 ～ 7.6	7.4	2	0.04	0.14
7.6 ～ 8.0	7.8	12	0.24	0.38
8.0 ～ 8.4	8.2	15	0.30	0.68
8.4 ～ 8.8	8.6	9	0.18	0.86
8.8 ～ 9.2	9.0	5	0.10	0.96
9.2 ～ 9.6	9.4	2	0.04	1.00
計		50	1.00	

❷ ビールの王冠を 1200 回投げたら，480 回表が出たので，求める確率は，

$\frac{480}{1200}=0.4$

❸ (1) 表と裏の出る確率は同じであるように考えられるが，将棋の駒が立つ(表でも裏でもない状態)こともあるので，$\frac{1}{2}$ より小さくなります。

(2) 正しくつくられたさいころでは，どの目が出ることも同様に $\frac{1}{6}$ と考えられます。

(3) 非常に多くの回数を投げると，表と裏の出る回数はほぼ同じになると考えられるが，必ず同じ回数になるとはいえません。

テスト前 ✓ やることチェック表

① まずはテストの目標をたてよう。頑張ったら達成できそうなちょっと上のレベルを目指そう。
② 次にやることを書こう（「ズバリ英語〇ページ，数学〇ページ」など）。
③ やり終えたら□に✓を入れよう。
最初に完ぺきな計画をたてる必要はなく，まずは数日分の計画をつくって，
その後追加・修正していっても良いね。

目標

	日付	やること1	やること2
2週間前	/	□	□
	/	□	□
	/	□	□
	/	□	□
	/	□	□
	/	□	□
	/	□	□
1週間前	/	□	□
	/	□	□
	/	□	□
	/	□	□
	/	□	□
	/	□	□
	/	□	□
テスト期間	/	□	□
	/	□	□
	/	□	□
	/	□	□
	/	□	□

QRコードのページに登録すると，「ぴたリンク」からも表をダウンロードできるよ

テスト前 ☑ やることチェック表

① まずはテストの目標をたてよう。頑張ったら達成できそうなちょっと上のレベルを目指そう。
② 次にやることを書こう（「ズバリ英語○ページ，数学○ページ」など）。
③ やり終えたら□に✓を入れよう。
最初に完ぺきな計画をたてる必要はなく，まずは数日分の計画をつくって，
その後追加・修正していっても良いね。

目標

	日付	やること 1	やること 2
2週間前	／	□	□
	／	□	□
	／	□	□
	／	□	□
	／	□	□
	／	□	□
	／	□	□
1週間前	／	□	□
	／	□	□
	／	□	□
	／	□	□
	／	□	□
	／	□	□
	／	□	□
テスト期間	／	□	□
	／	□	□
	／	□	□
	／	□	□
	／	□	□

QRコードのページに登録すると，「ぴたリンク」からも表をダウンロードできるよ

キリトリ線